KB149670

언더웨어
실무디자인

언더웨어
실무디자인

한선미 지음

Underwear
Design for
BRAND
LAUNCHING

교문사

머리말

1950년대 중반 우리나라 현대적 속옷 산업이 시작된 이래 약 70년이 지났습니다. 그동안 수많은 언더웨어 브랜드가 탄생하여 지속하기도 하고 소멸되기도 하며 국내 속옷패션 산업은 비약적인 발전을 거듭하였습니다.

최근 속옷 산업의 다양한 변화 가운데 가장 큰 변화는 소자본 개인 창업이 들불처럼 번지고 있다는 점인데, 겉옷 창업에 이어 신발, 가방, 액세서리, 코스메틱 등과 함께 언더웨어 역시 창업 시장에서 빼놓을 수 없는 분야가 되었습니다.

과거 소수의 자본가들이 대량생산 시스템으로 시작했던 언더웨어 브랜드 사업은, 인터넷의 발달과 함께 시장의 패러다임이 변하면서 다른 패션 아이템처럼 소자본 개인 창업이 가능해졌고, 정부에서도 실업난을 해결하기 위해 청년 창업에 많은 예산을 투입하고 창업을 독려하고 있습니다. 20대에 창업에 성공한 CEO, 직장인에서 창업가로 변신한 30~40대들의 성공 스토리는 더 이상 놀랍지 않습니다. 이러한 시대의 흐름 속에서 저는 2011년부터 창업을 꿈꾸는 대학생과 직장인을 대상으로 창업세미나와 언더웨어, 수영복, 남성 언더웨어, 스포츠 이너웨어 실무패턴, 브랜드 런칭, 디자인 교육을 진행해 오고 있습니다.

교육을 하면 할수록 예비 창업가, 디자이너들이 참고할 만한 속옷 디자인 전문서적이 절실했습니다. 국내에서 출판된 속옷 책은 2013년 저의 책 〈언더웨어 실무패턴〉이 출간된 이후에 등장한 비슷한 란제리 실무패턴 책 한두 권이 전부였습니다. 2001년 제가 처음 속옷 디자이너로 입문하고 20여년이 지났지만, 아직도 속옷 디자인이나 속옷 소재 전문교재는 국내에 단 한 권도 없습니다. 참고서적은 항상 의상 관련 책으로 대체해야 했으며, 해외 원서를 찾아 번역해야 했습니다. 디자이너로 활동하고, 교육하면서 절실했던 그 교재를 더는 기다릴 수 없어, 부족하지만 이렇게 완성하게 되었습니다.

2013년 〈언더웨어 실무패턴〉 교재 출간 후 너무 많은 시간이 흘렀습니다. 여러 사정으로 〈언더웨어 실무디자인〉 교재를 이제야 완성했습니다. 교재를 많이 기다려준 저의 수강생들에게 조금이나마 마음의 부채를 덜게 되었습니다.

이번에 엮은 〈언더웨어 실무디자인〉 교재는 제가 2001년부터 기업에서 란제리 디자이너로 활동하면서 습

득한 속옷 브랜드 실무디자인 노하우를 실었습니다. 또한 2011년부터 현재까지 '한선미 속옷 디자인 연구소'를 운영하며 예비 창업가들과 디자이너들에게 꼭 필요하다고 생각되는 이론과 실무 자료를 정리하였으며, 동시에 2015년 런칭한 자체 브랜드 '란제리 한'을 운영하면서 경험한 속옷 브랜드 창업과 제품 디자인, 생산에 관련된 내용을 총망라하였습니다. 패션(겉옷)에 포함되는 속옷(언더웨어)은 일반적으로 패션의 하위 범위라고 생각되지만, 속옷 실무에서 다뤄지는 내용은 패션(겉옷)과 매우 다른 전문성이 요구되는 분야입니다.

부디 이 책이 국내 언더웨어 산업 발전과 예비 창업가, 예비 디자이너들에게 작은 도움이 되길 바라며, 교재가 출판되기까지 함께 했던 제자 효빈, 수진이에게도 고마운 마음을 전합니다.

2013년 출판계약을 하고 지금까지 기다려주신 교문사 류제동, 류원식 대표님, 영업부 송기윤 부장님께 깊이 감사드리며, 특히 책 편집을 맡아주신 김경수 부장님과 윤소연님께도 감사의 마음을 전합니다.

끝으로, 두 번째 책을 완성하고 부족하지만 이 자리까지 올 수 있도록 항상 같은 마음으로 응원해주신 부모님께 감사드립니다.

2022년 1월
저자 한선미

차례

Under wear ———

언더웨어 디자인이란?

1

CHAPTER 1

언더웨어 디자인이란?

언더웨어란 속옷의 총칭으로 겉옷 안쪽에 착용하는 의상 모두를 가리킨다. 언더웨어
는 사람의 인체에 직접 닿아 피부를 보호하거나 체온을 유지하는 등 신체보호뿐만
아니라 다양한 목적을 위해 착용하게 된다. 여성의 아름다운 몸매를 보정하기 위해
이용하기도 하고 심미적 욕구 충족을 위해 착용하기도 한다. 최근에는 애슬레저의
유행으로 액티브한 활동을 위해 스포츠 브래지어의 인기가 높아지고, 일상에서 편안
한 착용감을 목적으로한 베이직한 속옷도 많아지고 있다. 따라서 언더웨어를 제작할
때는 기능성과 장식성을 모두 고려해야 한다. 인체의 아름다운 실루엣을 위해 정교
하고 과학적인 패턴 메이킹뿐만 아니라 사람들의 심미적 욕구를 충족시키기 위한 언

더웨어 디자인은 매우 중요한 요소이다.

언더웨어 디자인의 개념

디자인이란 어떤 제품이나 시각적 이미지를 논리적으로 계획하고 이를 조직화하여 결과물을 완성하는 일이다. 따라서 언더웨어 디자인이란, 언더웨어의 특징을 잘 이해하고 그에 맞게 기능적이며 미적인 조형 작업을 완성하는 것을 의미한다.

언더웨어 디자인, 어떻게 할 것인가?

이 책에서 언더웨어 디자인은 과거처럼 단순히 하나의 언더웨어를 디자인하는 데 그치지 않고, 보다 넓은 시각으로 언더웨어 브랜드를 탄생시키는 것에 목적을 둔다. 디자이너는 브랜드 이미지 설정부터 패턴 메이킹, 디자인, 생산에 이르기까지 다양한 영역의 직무를 수행해야 하며, 언더웨어 브랜드 런칭을 목적으로 수행되는 디자인 과정에서는 보다 창의적이고 새로운 아이디어 발상을 통해 브랜드를 만들고 디자인을 완성해야 한다.

언더웨어의 종류

언더웨어는 일반적으로 착용 목적과 기능에 따라 3가지로 나뉜다. 위생을 목적으로 맨살에 착용하는 '바디웨어', 여성의 체형을 아름답게 보정하기 위해 착용하는 '파운데이션', 장식을 목적으로 착용하는 '란제리'가 있다.

1) 언더웨어(바디웨어) UNDERWEAR(BODYWEAR)

외부 환경으로부터 피부를 보호할 목적으로 착용하는 가장 실용적인 속옷을 말한다. 위생 관리, 체온 유지, 땀이나 분비물을 흡수하는 기능을 한다. 바디웨어의 종류에는 땀이나 기후로부터 몸을 보호하기 위한 러닝셔츠, 신체 청결을 위한 팬티, 드로어즈 등이 있다.

그림 1-1   그림 1-2

팬티(PANTY) 다리 부분은 거의 없고 엉덩이에 꼭 붙는 하의용 속옷으로 여성용은 '팬티(panties)' 혹은 '니커스(knickers)'라고 불리기도 한다. '짧은, 간단한'이라는 뜻의 '브리프(brief)'는 남성용 팬티를 말한다. 위생과 청결을 목적으로 착용한다.

그림 1-3   그림 1-4

러닝셔츠(RUNNING SHIRT) 소매가 없고 목둘레선이 깊게 파인 형태로 맨살에 착용하는 상의용 속옷으로, 남녀 모두 착용 가능하다. 땀과 분비물로부터 피부를 보호하고 체온을 유지하는 목적으로 착용한다. '메리야스'라고도 불린다.

그림 1-5

블루머즈(BLOOMERS) 여성이나 아동들이 입는 품이 넉넉하고 풍성한 속옷이다. 1851년 아멜리아 젠크스 블루머(Amelia Jenks Bloomer) 부인이 크리놀린(crinoline)을 대신할 속옷으로 제안하였다. 허리선과 다리단에 고무줄을 넣어 프릴이나 레이스로 장식한다. 블루머즈는 활동이 편하도록 스커트 안에 착용하기도 하며, 일명 '호박바지'라고도 일컫는다.

드로어즈(DRAWERS)   반바지식 속옷으로 사각팬티보다
다리길이가 조금 긴 속옷을 말한다. 처음에는 승마용
으로 착용하다가 점차 속바지로 일반화되었다. 보온과
흡수성을 목적으로 착용한다.

그림 **1-6**　　　　　그림 **1-7**

2) 파운데이션 FOUNDATION

'기초, 토대'라는 뜻을 가진 "파운데이션 가먼트(foundation garment)"의 약자로, 여성
체형의 결점을 보완하고 아름다운 실루엣을 만들기 위해 착용하는 속옷을 말한다.
파운데이션은 신체에 완전히 밀착되어 '제2의 피부'라고도 불리는데 브래지어, 거
들, 뷔스티에, 올인원 등이 이에 속한다. 과거 서구에서 여성의 아름다운 실루엣을
위해 코르셋을 착용한 것이 현대 파운데이션의 기원이라고 할 수 있다. 허리를 과도
하게 조이기 위해서 사용했던 고래뼈, 고래 심줄, 쇠심줄, 철사 등은 인체에 위험하
였으나, 현대에는 속옷 소재의 발전으로 인체에 안전한 소재를 사용하여
착용감이 향상되었다.

브래지어(BRASSIERE)   '팔꿈치 보호대'라는 뜻의 프랑스어 "브라시아르
(brassiere)"라는 말에서 유래된 것으로, 여성의 가슴 모양을 아름답게 만드
는 목적으로 착용한다. 브래지어는 여성 속옷 가운데 가장 기본적이지만
가장 복잡한 형태를 가지고 있다. 컵과 밑받침(몸판), 날개로 구성되어 있으
며 가슴 볼륨과 아름다운 실루엣 연출에 도움을 주는 기능성 속옷이다.

그림 **1-8**

거들(GIRDLE)   거들은 몸통 아래쪽을 둘러싼 밴드 형태의 속옷으로 허리
와 배, 엉덩이, 허벅지 등의 실루엣을 날씬하게 하기 위해 착용하는 기능
성 속옷이다. 과거에는 '코르셋'이라고도 불렸으며, 코르셋이 분리되면서
상의는 브래지어, 하의는 거들로 발전하였다. 거들의 종류로는 팬티형, 기
본형, 하이웨이스트형 등이 있다.

그림 **1-9**

그림 1-10

뷔스티에(BUSTIER) '반신상, 흉상'이라는 뜻의 프랑스어 "뷔스트(buste)"에서 유래되었다. 가슴 부분에 브래지어처럼 컵이 달린 상의로 허리까지 이어진 형태이다. 코르셋 모양의 탑을 말하기도 한다. 코르셋이나 올인원은 여성의 허리를 날씬하게 만드는 기능이 있지만, 뷔스티에는 브래지어 컵에만 기능이 있고 컵 아래는 기능성보다 패션성이 더 강조된 것이 특징이다.

그림 1-11

웨이스트 니퍼(WAIST NIPPER) 영어로 '허리를 잡는 것'이라는 뜻으로, 허리를 날씬하게 만들기 위해 가슴 밑에서부터 엉덩이 윗부분까지 착용하는 넓은 밴드 형태의 속옷이다. 1947년 크리스티앙 디오르(Christian Dior)가 발표한 '뉴룩'의 등장으로 허리를 잘록하게 하는 룩이 유행하면서 착용되기 시작하였다.

그림 1-12

올인원(ALL IN ONE) 브래지어, 웨이스트 니퍼, 팬티형 거들이 하나로 합쳐진 속옷으로, 상반신 체형을 날씬하게 보정하기 위해 착용된다. 가슴에서 엉덩이에 이르는 실루엣의 조형성을 위해 착용하는 것으로 '바디 수트(body suit)'라고도 불린다.

그림 1-13

가터벨트(GARTER BELT) 18세기 영국 상류층 남성들이 스타킹이 흘러내리는 것을 방지하기 위해 착용했던 서스펜더(suspender)에서 유래되었다. 현대에는 여성들이 밴드 스타킹이 흘러내리지 않도록 하기 위해 입었으며, 최근에는 팬티나 거들 위에 착용하여 섹시한 분위기를 연출하는 목적으로 더 많이 선호된다.

3) 란제리 LINGERIE

프랑스어로 마 섬유를 뜻하는 "랭주(linge)"에서 유래한 말이다. 장식을 목적으로 착용하며 속옷 중에서 가장 바깥쪽에 입는다. 란제리는 속옷과 실내복을 모두 포함하며, 겉옷과 파운데이션 사이에 착용하여 겉옷의 실루엣을 좀 더 아름답고 우아하게 만들어 주는 역할을 한다. 란제리의 종류에는 슬립, 캐미솔, 큐롯 등이 있으며 실내복으로는 파자마와 가운, 이지웨어 등이 있다.

슬립(SLIP) 영어로 '미끄러지다'라는 뜻으로, 어깨선이 끈으로 연결된 드레스 형태의 속옷이다. 브래지어와 팬티 위에 착용하며 실크 같은 매끄럽고 드레이프성이 좋은 소재를 사용한다. 겉옷인 드레스와 원피스를 입고 벗는 데 불편함을 주지 않으며, 겉옷의 부자연스러운 주름이 생기는 것을 방지해 줌으로써 겉옷의 실루엣을 돋보이게 하는 역할을 한다.

그림 1-14

캐미솔(CAMISOLE) 슬립의 상반신 형태와 유사하며 어깨선이 끈으로 연결되고 엉덩이를 가릴 정도 길이의 여성용 속옷이다. 가슴 아래 라인이 절개되어 홑겹의 컵이 달려있다. 초기에는 코르셋을 가리기 위해 고안되어 '코르셋 커버'라고도 불렸다. 언더웨어의 러닝셔츠와도 형태가 비슷하나 러닝셔츠는 위생의 목적으로 착용하는 반면 캐미솔은 장식성이 강한 것이 특징이다.

그림 1-15

큐롯(CULOTTES) 여성용 스커트형 팬츠에서 변형된 스타일로 품이 넉넉하여 스커트처럼 보이는 팬츠를 말한다. 현대에는 여성들이 슬립 대용으로 하의에 착용한다.

그림 1-16

그림 1-17

파자마(PAJAMAS) 발목까지 오는 팬츠와 오버 블라우스풍의 상의가 한 벌로 된 속옷으로, 인도인이나 페르시아인이 입던 품이 넉넉한 긴 바지를 가리키는 말이었다. 수면을 위한 목적으로 착용하며 최근에는 젊은이들 사이에서 라운지 웨어로 대체되고 있는 추세이다.

그림 1-18

라운지 웨어(LOUNGE WEAR) 방 안에서 수면이나 휴식을 취할 때 입는 품이 넉넉한 상하의로 파자마 대용으로 착용한다. 상의는 목선이 라운드 혹은 브이로 디자인된 티셔츠 형태이며, 하의는 추리닝 팬츠의 형태로 허리에 고무줄 처리가 되어있어 편안하게 입고 벗을 수 있다. '홈웨어', '이지웨어', '리빙웨어'라고도 불린다.

Under wear ——

언더웨어 브랜드 런칭을 위한 정보 분석

언더웨어 브랜드 런칭을 위한 정보 분석

어떤 분야든 새로운 것을 창조해 내기 위해서는 시대의 흐름을 파악하고 급변하는 변화에 대해서 잘 대처하는 것이 필요하다. 현대는 정보화 시대로, 인터넷의 출현으로 인해 인간은 더 많은 정보에 노출되어 있다. 이에 따라 광범위하게 퍼져 있는 다양하고 많은 정보를 필요와 목적에 따라 수집하고 정리하는 능력이 매우 중요해졌다. 패션은 특히 변화에 민감하게 반응하며, 끊임없이 새로운 목표를 창조해야 하는 숙명을 가지고 있다. 패션은 변화하는 가치 속에서 여러 분야와 관계를 맺고 발전하며 서로 영향을 주고받는다. 언더웨어 역시 패션의 한 분야로서 여러 분야와 서로 관계하며 발전할 수밖에 없다. 따라서 한 분야에만 국한되어 정보를 받아들여서는 안된다. 그 시대를 아우르고 있는 문화, 정치, 경제, 사회 전반에 관한 정보를 수집하고 이해해야만 하며, 특히 패션 트렌드, 소비자 정보, 유통 정보 등 패션 전반에 관련된 정보를 잘 분석해야 한다.

언더웨어 브랜드를 위한 정보

언더웨어 브랜드를 위한 정보로는 국내외 정치, 경제, 사회, 문화적 환경에 관한 거시적 정보와 패션, 언더웨어 트렌드 등과 관련된 미시적 정보, 소비자의 심리나 행동에 관한 소비자 정보 등이 있다.

1) 거시적 정보

거시적 정보란 언더웨어 브랜드를 런칭하고 지속하는 데 있어 간접적으로 영향을 줄 수 있는 정치, 법, 사회, 문화, 기술, 경제 등의 큰 범주에 속하는 정보를 말한다. 인구통계나 생태학적, 기술적 환경과 관련된 정보 역시 이에 포함된다.

예 문화 트렌드를 주도하는 다양한 페스티벌(락 페스티벌, 재즈 페스티벌 등), K-pop으로 시작된 K-문화의 유행 등

Q. 거시적 정보에 대한 실제 예를 찾아보고 경향을 분석해보자.

2) 미시적 정보

미시적 정보란 언더웨어 브랜드를 런칭하고 지속하는 데 있어 직접적으로 영향을 미칠 수 있는 모든 정보들을 말한다. 전체 패션 시장과 각 세부 시장에서 일어나는 트렌드, 유통 현황, 성장률, 시장 점유율 등에 관한 정보들이 이에 속한다.

예 오프라인을 넘어선 온라인과 모바일 시장의 확장, 지속 가능한 패션과 윤리적 소비에 관한 관심 증가 등

Q. 미시적 정보에 대한 실제 예를 찾아보고 경향을 분석해보자.

3) 소비자 정보

혹자는 현대를 '소비의 시대'라고 말한다. 소비를 긍정하든 부정하든 그만큼 소비는 현대인의 삶에 중요한 부분을 차지한다. 따라서 브랜드 런칭을 위해서는 소비자를 분석하는 일이 필수적이라 할 수 있다. 소비자 정보 분석 방법에는 소비자 심리 분석, 브랜드 인지도 조사, 매스미디어(광고, 드라마, 기사) 효과 분석, 패션 스트릿 조사 등이 필요하다.

(1) 소비자 심리 분석
소비자 심리란 소비자가 느끼는 경기감각과 그에 기초한 소비태도를 말한다. 소비자

심리가 이완되면 소비가 늘어나고, 반대로 위축되면 소비는 침체되는 경향을 보인다. 하지만 현대인의 소비 심리는 단순히 경제 지표나 개인 경제 수준으로만 결정되는 것이 아니다. 개인의 소득 수준에 상관없이 소비 심리를 자극하면 자신의 능력보다 높은 수준의 제품을 구입하려는 구매 심리가 작용하기도 한다.

(2) 브랜드 인지도 조사

미국 마케팅 협회에 따르면, 브랜드(brand)란 한 기업의 특정 제품이나 서비스를 식별시키고 나아가 경쟁 기업의 제품이나 서비스와 차별화하기 위해서 사용되는 이름, 사인, 상징물, 디자인과 이들의 조합이다. 하지만 현대 패션 마케팅에서 브랜드란 그 이상을 의미하기도 한다. 〈스타일 중독자〉의 저자 마크 턴게이트(Mark Tungate)는 "소비자들은 필요의 단계를 넘어서 욕망을 추구하게 된다. 다른 사람들과 다르게, 특별하게 표현하고 느끼고자 하는 감성적인 가치까지 구매하고자 하는데, 그 가치를 넓은 의미에서 '브랜드'라고 한다"고 역설하였다. 이처럼 브랜드란 하나의 상징을 넘어서 제품의 이미지와 구매력에 많은 영향을 미치기도 한다. 언더웨어 분야도 브랜드 스토리를 잘 구축하여 브랜딩에 성공하면 아이템 이상의 가치를 창출할 수 있다.

(3) 매스미디어 효과 분석

> 눈부신 아침, A는 상쾌한 기분으로 개운하게 눈을 떴다. 박보검의 좋은 잠이 좋은 나를 바꾼다는 조언에 바꿔 본 침대인데, 일어날 때마다 보검이의 화사한 미소가 떠오르는 것 같아 만족스럽다. 아침마다 모닝커피로 부드러운 공유의 카누와 진한 원빈의 티오피 중 하나를 고르는 것은 소소한 삶의 재미가 되었다. 새로운 계절을 맞아 옷을 좀 구경하면서 '출근할 때 어떤 걸 입어야 하나' 고민하기를 잠깐하다가, 윤여정 선생님의 말씀대로 쇼핑은 자유롭게, 내 마음대로 골라보기로 했다. ……

캐나다의 비평가 마샬 맥루한(Herbert Marshall McLuhan)이 현대 사람들은 TV인간이라고 표현했을 정도로 매스미디어는 현대인의 삶에 많은 영향을 미친다. 사람들은 매스미디어 속 광고에 등장하는 제품과 연예인의 모습을 자신의 모습과 동일시한다.

이처럼 소비자 분석에서 매스미디어 효과를 살펴보는 것은 중요한 요소이다. 기존의 매스미디어 외에도 인터넷과 모바일 환경의 확대로 다양한 형태의 매체 광고를 일상생활에서 가까이 접할 수 있게 되었다. 언더웨어 역시 다양한 매스미디어 광고를 통해 소비자들의 소비 욕구를 촉진시킨다. 따라서 브랜드 런칭을 위해서 매스미디어에 노출되어 있는 제품에 대한 효과를 분석하는 것이 필요하다.

(4) 언더웨어 패션 스트릿 조사

패션 스트릿 조사는 패션 중심 거리에서 사람들이 착용한 패션 스타일과 아이템에 대한 착용 경향을 조사하는 것이다. 의류는 타깃 소비자의 주요 상권이나 밀집 지역에서 정기적 혹은 비정기적으로 조사한다. 반면 수영복이나 언더웨어는 이를 노출할 수 있는 특정 장소인 야외 워터파크나 실내 수영장 혹은 찜질방, 대중 목욕탕 등에서 조사한다. 최근에는 여성들 사이에서 언더웨어를 노출시키는 란제리룩이 유행함에 따라 패션 중심 거리에서 언더웨어 착용 실태를 조사하기도 한다.

4) 언더웨어 패션 트렌드 정보

트렌드란 6개월 혹은 1년 후에 유행할 패션 경향을 말한다. 새로운 제품을 미리 기획하고 디자인해야 하는 언더웨어 디자인에서 트렌드 정보를 분석하는 것은 매우 중요하다. 패션 트렌드는 크게 제너럴 트렌드와 콜렉션 트렌드로 나눌 수 있다. 제너럴 트렌드(general trend)란 거시적으로 국내외 사회문화적 변화에 따른 다양한 영감을 분석하여 다가올 시즌의 이미지, 테마, 컬러, 패브릭, 실루엣 등을 미리 예측하는 것이다. 콜렉션 트렌드(collection trend)란 국내외에서 열리는 패션 박람회 혹은 디자이너 패션쇼에서 제안되는 제품의 아이템, 스타일, 소재, 컬러, 디테일 등의 미시적인 정보를 분석하는 것이다.

언더웨어 제너럴 트렌드 정보는 국내외 패션 정보사에서 제공하는 자료와 설명회, 패션 관련 언론사의 정기 간행물, 관련 세미나, 전문 모임에서 제공하는 자료를 통해서 분석할 수 있다. 콜렉션 트렌드 정보는 국내외 디자이너의 언더웨어 패션쇼, 박람회, 패션 브랜드의 룩북, 패션 잡지, 인플루언서, 패션 트렌드 정보사의 리포트, 스트릿 패션 등을 통해 분석할 수 있다.

(1) 해외 언더웨어 패션 트렌드 정보

① 언더웨어 소재 박람회

- INTERFILIERE PARIS(인터필리에르 파리)
- INTERFILIERE HONGKONG(인터필리에르 홍콩)
- INTERTEXTILE SHANGHAI(인터텍스타일 상해)

사진 **2-1**. PARIS MODE CITY(파리 모드시티) & INTERFILIERE PARIS(인터필리에르 파리) 박람회장

사진 **2-2**. INTERFILIERE PARIS(인터필리에르 파리) 홈페이지

사진 **2-3**. INTERTEXTILE SHANGHAI(인터텍스타일 상해) 홈페이지

② 언더웨어 패션 박람회

• PARIS MODE CITY(파리 모드시티)

• Lingerie Americas(란제리 아메리카)

• Mode Underwear and Home Textiles(상해 언더웨어 및 홈 텍스타일)

• CHIC show(중국 국제의류 액세서리 박람회)

사진 **2-4**. PARIS MODE CITY(파리 모드시티) 홈페이지

사진 **2-5**. Lingerie Americas(란제리 아메리카) 홈페이지

사진 **2-6**. Mode Underwear and Home Textiles(상해 언더웨어 및 홈 텍스타일)

사진 **2-7,8**. CHIC show(중국 국제의류 액세서리 박람회)

③ 언더웨어 패션 정보사

까린(CARLIN)　까린 인터내셔널(CARLIN International)은 1947년 설립된 프랑스의 패션 트렌드 및 마케팅 회사이다. 변화가 빠른 패션 정보를 다양한 형태로 제시하며, 스타일리스트와 직원들의 분석·예측으로 마케팅과 커뮤니케이션을 제안한다. 또한 해외 에이전트를 통해 유럽, 북미, 아시아 지역에 트렌드북과 컨설팅을 제공한다.

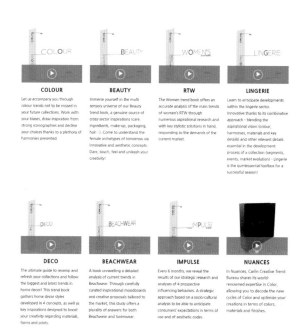

사진 2-9,10,11. 까린 로고, 까린 홈페이지, 까린 트렌드북 설명

넬리로디(NELLY RODI) 넬리로디는 1985년 프랑스에서 설립된 패션 트렌드 회사이다. 전 세계를 대상으로 라이프 스타일과 소비자 행동, 패션 영향에 관한 트렌드를 제안한다.

사진 **2-12,13,14.** 넬리로디 로고, 넬리로디 트렌드북, 넬리로디 트렌드북 설명

프로모스틸(PROMOSTYL) 1966년 프랑스에서 설립된 프로모스틸은 프랑스의 3대 패션 컨설팅 회사이다. 프로모스틸은 패션 트렌드북을 만들고 트렌드 정보를 제공하는 업무를 주로 하고 있으며, 패션기업, 백화점 등의 실무자들에게 신상품 개발, 브랜드 런칭 등과 관련하여 패션 컨설팅 및 세미나를 진행하고 있다. 1980년대에는 한국의 많은 패션 업체들이 프로모스틸의 회원사가 되었으며, 전세계 25개국의 지사를 통해 300여개의 패션기업에 트렌드 정보를 제안하고 있다.

사진 **2-15.** 프로모스틸 홈페이지

(2) 국내 언더웨어 패션 트렌드 정보

① 언더웨어 소재 박람회

- 프리뷰 인 서울(preview in Seoul)
- 프리뷰 인 대구(preview in Daegu)

사진 **2-16**. 프리뷰 인 서울 홈페이지

사진 **2-17**. 프리뷰 인 대구 홈페이지

② 언더웨어 패션 박람회

- 인디 브랜드 페어
- 트렌드 페어

사진 **2-18**. 인디 브랜드 페어

사진 **2-19**. 트렌드 페어

③ 언더웨어 패션 정보사

- 퍼스트뷰 코리아

사진 **2-20**. 퍼스트뷰 코리아 홈페이지

언더웨어 브랜드 런칭을 위한 타깃 설정 및 경쟁 브랜드 조사

1) 타깃 설정

타깃(target)이란 새로운 브랜드를 런칭하고 자사의 제품과 서비스를 제공할 특정 소비자를 말한다. 타깃 설정을 통해 효과적인 마케팅 전략을 세울 수 있는데, 보다 정확한 결과를 위해 STP 분석이 꼭 필요하다.

STP 분석은 시장 세분화(Segmentation), 시장 표적화(Targeting), 시장 포지셔닝(Positioning)으로 구성되어 있으며 각 항목을 분석해 타깃을 설정하기 위한 전략을 개발하고 수립할 수 있다.

(1) 시장 세분화

시장 세분화란 소비자가 각각 다른 상품을 구매하는 이유를 소비자 특징에 따라 세분화시키는 것으로 전체 시장을 인구통계학적, 심리학적, 상품기획적, 유통구조적 기준으로 구분하는 마케팅 분석법이다. 이 방법은 타깃 설정을 위해 사용하는 전통적인 방법으로 현대의 복잡한 소비자군을 세분화하는 데 많은 한계점이 있다. 특히, 소비자가 아닌 기업의 입장에서 진행되었기에 개인의 특성을 획일화시킨다는 단점이 있다.

언더웨어 브랜드 런칭을 위해서는 아웃웨어와는 또 다른 특징으로 시장 세분화 작업을 해야 하며, 더 다양한 소비자에 맞는 언더웨어 시장 세분화를 위해서는 전통적인 분류법 외에도 시대 흐름에 맞춘 다른 기준을 적용해서 소비자를 구분하고 세분화시켜야 한다.

① 인구통계학적 기준

성별	여성			남성			남녀공용		
연령별	인펀트(0-2세)	토들러(3-6세)	차일드(7-12세)	주니어(13-17세)	영(18-22세)	어덜트(22-27세)	미시(28-37세)	미즈(38세 이상)	실버
소득별	49만원 이하	50-99만원	100-149만원	150-199만원	200-249만원		250-299만원		300만원 이상
직업별	전문직	회사원	자영업	판매/서비스	학생	주부	교사	파트타임	기타
학력별	중졸		고졸	대재/중퇴		대졸	대학원졸		기타

그림 **2-1.** 인구통계학적 기준

② 심리학적 기준

감성이미지	로맨틱, 엘레강스, 시크, 모던, 큐트, 스포츠, ... (추구하고자 하는 감성 이미지어 선정)				
패션 타깃	주니어(틴즈)	영	어덜트(커리어)	미시	실버
패션 감도	프레스티지군(블랙라벨)	트렌디군		볼륨군	베이직군
패션 수용도	패션 선도자(얼리어답터)	패션 추종자	패션 전기 수용자	패션 후기 수용자	패션 무관심자
라이프스타일	10대	타인 동조 지향형	개성적 낭만 추구형	현대적 무덤 추구형	평범 무관심형
	20대	합리적 스마트형	지성적 단정형	타인 의식적 지향형	과시적 감각 지향형
	30대	보수적 전통 지향형	보편적 편이 지향형	현대적 감각지향형	평범형
	40대	보수적 품위 지향형	과시적 브랜드 지향형	합리적 지향형	소극적 평범형

그림 **2-2.** 심리학적 기준

③ 상품기획적 기준

아이템 종류	브래지어	팬티	올인원	웨이스트니퍼	가터벨트	뷔스티에	슬립	러닝	잠옷
용도	홈웨어용			이벤트용			외출용		
가격수준	고	중-고		중		중-저		저	
품질수준	고		중			저			
브랜드 특성	내셔널 브랜드	인터넷 쇼핑몰 브랜드		디자이너 브랜드		SPA 브랜드		라이센스 브랜드	

그림 **2-3.** 상품기획적 기준

④ 유통구조적 기준

영업형태 및 소매유형	백화점	대형마트	아울렛	전문점/대리점	편집매장	TV홈쇼핑	인터넷 전문 쇼핑몰	모바일 전문 쇼핑몰

그림 **2-4.** 유통구조적 기준

2) 경쟁 브랜드 조사 및 분석

경쟁 브랜드 분석은 런칭하려는 자사 브랜드의 아이템과 타깃 및 브랜드 포지셔닝이 비슷한 국내외 브랜드에 관한 전체적이고 통합적인 조사 및 분석을 통해 타 브랜드와의 차별화를 만드는 데 그 목적을 둔다.

국내 언더웨어 내수 시장의 내셔널 브랜드의 과열된 경쟁 속에서 새로운 브랜드 런칭을 위한 전략은 보다 치밀하고 전략적이어야 한다. 브랜드 런칭 후에도 경쟁사 조사는 2주에 한 번 정도로 정기적으로 하는 것이 바람직하다. 경쟁사 조사는 경쟁 브랜드의 시장 포지셔닝, 이미지 포지셔닝, 시장 점유율, 가격 전략과 세일 전략, 유통 전략, 판매 및 판매 촉진 광고 전략, 신제품 제조기술, 제품 기획(MD 구성) 및 디자인과 스타일 분석 등 다양한 각도에서 이루어져야 한다. 이를 토대로 자사 브랜드의 차별화 전략을 세워 브랜드의 지속 가능한 역량을 키울 수 있다.

사진 **2-21**. 라펠라(LAPERLA)

사진 **2-22**. 인티미시미(intimissimi)

사진 **2-23**. 아장 프로보카퇴르(Agent Provocateur)

사진 **2-24**. 보이먼트(voiment)

사진 **2-25**. 오바드(Aubade)

사진 **2-26.** 리비(LIVY)

사진 **2-27.** 샹딸 토마스(Chantal Thomass)

사진 **2-28**. 에탐(Etam)

(1) 경쟁 브랜드 시장조사 보고서 예시

구체적인 경쟁 브랜드를 설정하고, 다음 예시를 참고하여 시장조사 보고서를 작성해 보자.

HANRO

컨셉 : 럭셔리, 편안함, 자연스러움, 캐주얼
타겟 : 30~40대
가격대 : 23만~28만
컬러

디스플레이 특이점
제품 패키지를 전면에 배치
아이템 : 란제리&셔츠

히스토리
1884 A.HANdschin & C. Ronus 가 니트 공장을 설립함
1930 추후에 HANRO의 독보적인 아이템이 된 원형 니트
       "스펜서" 캐미솔을 개발함
1985 코튼 심리스 : 심리스 기술의 베스트셀러.
1991 1908 에 설립된 오스트리아의 속옷회사인 Huber Group 이 매입함
1999 터치 필링 : 매우 부드러운 마이크로섬유와 FULLYFASHION
       TECHNOLOGY (몸에 맞게 통으로 짜인니트).
2007 코튼 센세이션 : 섬세한 게이지의 면 퀄리티
2010 넥스트 제너레이션 : 신개념 가공 처리 기술

OYSHO

컨셉 : SPA, 심플, 편안함, 모던, 페미닌
타겟 : 20~30대
가격대 : 3만 2천~3만 9천
컬러

디스플레이 특이점
컬러별로 홈웨어 & 란제리 구성
바구니에 속옷을 넣어서 디피로 배치
아이템 : 몰드 와이어브라 & 브라렛 & 홈웨어 & 슬립

히스토리
2011 스페인 인니텍스 그룹 틴세디 'oysho' 런칭
2013 뉴 이미지의 플래그 스토어 상하이 오픈
2015 한국 오이쇼 런칭 44개국 650개의 매장 보유

Etam

컨셉 : 편안함, 섹시, 페미닌, 시크
타겟 : 20~30대
가격대 : 5만~6만 8천
컬러

디스플레이 특이점
원색과 무채색 구분 배치, 원단별 컬러별 배치/
홈웨어 & 란제리 구성
아이템 : 브라렛, 와이어브라, 바디슈트, 슬립, 로브가운

히스토리
1916 베를린 첫 오픈 (스타킹 판매)
1924 란제리 사업 런칭
1928 파리에 첫 스토어 오픈 (생 오레노가 376번지)
1964 면 소재를 란제리 분야에 접목
1970 행거에 첫 브라 소개
1985 심리스 브라 개발
1990 중국으로 매장 확장
2001 온라인 매장 구축
2012 새로운 컨셉 'so chic' 매장 오픈
2013 스타킹 타이즈 영역 확장
2015 한국 첫 번째 매장 오픈
2016 에탐 100주년

inA

컨셉 : 따뜻한, 페미닌, 심플, 캐주얼
타겟 : 20~30대
가격대 : 3만 5천~4만 2천
컬러

디스플레이 특이점
룩북과 드라이플라워, 앤틱 소품을 함께 배치해서
따뜻한 느낌을 연출.
상품을 라탄 바구니에 담아서 보관.
조명보단 자연광.
아이템 : 브라렛 & 홈웨어

히스토리
2011 런칭
2015 한남동 쇼룸 오픈
2017 계동 쇼룸 오픈
2018 18SS 'Love you as you are' 캠페인 /
18FW 'LOVE YOU AS YOU ARE' 캠페인

LOVE *Stories*

컨셉 : 로맨틱, 페미닌, 섹시, 편안함
타겟 : 20대
가격대 : 10만~14만
컬러

디스플레이 특이점
패턴이 비슷한 것끼리 배치
은은한 조명
아이템 : 브라렛 & 나이트 가운□
히스토리
2013 암스테르담 디렉터 Marloes Hoedeman에 의해 런칭
2018 H&M 콜라보레이션

 VICTORIA'S
SECRET

컨셉 : 섹시, 페미닌, 데일리
타겟 : 25~45세
가격대 : 2만~7만 5천
컬러

디스플레이 특이점
브랜드 상징성(Angel)을 이용한 매장 연출
어둡고 향수 등 관능적인 느낌의 매상
아이템 : 브라, 브라렛, 라운지웨어

히스토리
1977 립급
1995 빅토리아 시크릿 패션쇼 시작
1999 패션쇼 사상 최초로 온라인 중계 시도
2012 610억이 넘는 판매량 기록
2019 여권신장 운동으로 쇼 폐지

3) 브랜드 포지셔닝

브랜드 포지셔닝이란 경쟁사 브랜드와 자사 브랜드의 가격, 감도, 이미지, 연령을 각각의 특성에 따라 구분하여 같은 시장(마켓) 안에서 브랜드의 위치를 결정하는 것이다. 또한 경쟁사 브랜드 분석과 시장 세분화를 통해 경쟁사 브랜드에서 충족시키지 못하는 욕구나 콘셉트 이미지 등 새로운 제품 개발에 필요한 틈새시장(niche market)을 찾아내어 자사 브랜드 위치 결정에 적용할 수 있도록 한다.

브랜드 포지셔닝은 브랜드 런칭 성공에 큰 영향을 미치므로 포지셔닝의 대상 타깃 규모가 적절한지 검토하는 과정이 필요하다. 또한 한 번 결정된 포지셔닝을 바꾸는 데는 많은 시간과 비용이 소요되며 브랜드 신뢰도에 타격을 주게 되므로 신중히 결정해야 한다. 최종적으로 결정된 포지셔닝은 자사 브랜드의 소비자 타깃에게 높은 공감을 이끌어 낼 수 있어야 한다.

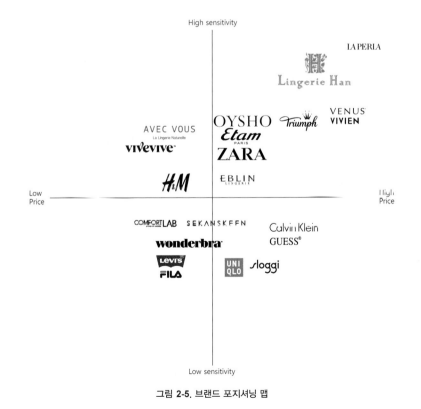

그림 2-5. 브랜드 포지셔닝 맵

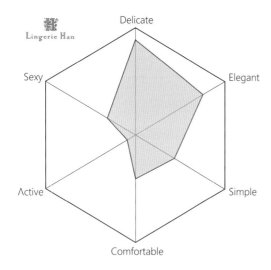

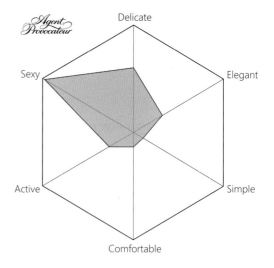

그림 2-6. 브랜드 이미지 포지셔닝 맵

4) 라이프 스타일 분석

라이프 스타일이란 생활양식이나 생활패턴이란 뜻으로, 다른 말로는 '웨이 오브 라이프(way of life)'라고도 한다. 사람마다 각기 다른 가치관으로 형성된 생활방식을 의미한다. 따라서 라이프 스타일 분석은 수많은 소비자가 각각 지향하는 직업관·가치관이나 생활방식, 소비방식을 조사하는 것이다.

다음 예시를 통해 라이프 스타일이 무엇인지 쉽게 이해할 수 있다.

최근 건강에 관심이 많아진 B는 매일 신선하게 배달해 주는 유기농 샐러드로 아침을 시작하고 퇴근 후에는 꾸준히 운동을 하고 있다. 제품 디자이너로서 한참 바쁠 시기이지만 업무도, 좋아하는 다른 일들도 잘해 나가려면 체력과 건강이 필요하다는 것을 깨달은 후로는 아직 젊은 나이지만 미리 건강을 관리하기로 마음먹었기 때문이다. 평소 개성적인 나만의 스타일을 추구하기 위해 패션 스타일링을 즐기는 것은 물론, 명품이나 유행하는 것보다는 디자이너 브랜드의 의상이나 제품들을 주로 살펴보는 편이다. 열심히 버는 만큼 열심히 나를 위해 투자하는 것도 좋아하는데, 윤리적인 소비에 대해 생각하기 시작한 이후로는 하루에 몇 잔씩 마시는 커피도 공정무역 커피로 바꿨다. 작은 것부터 시작하는 것이 중요하다고 느꼈기 때문이다. 바쁜 사회 속에서 커피 한 잔과 혼자만의 생각을 하며 잠시 한숨 돌릴 수 있는 이런 여유로운 시간이 B에게는 무척이나 소중하다.

Under wear —————

언더웨어 브랜드 런칭을 위한 마케팅 전략

CHAPTER

3

언더웨어 브랜드 런칭을 위한 마케팅 전략

SWOT 분석

SWOT 분석이란 브랜드 런칭을 위한 내적, 외적 환경을 분석하는 것으로 주로 경쟁사와 자사를 비교해서 자사의 전략을 수립하는 것이 목적이다. 자사 내부 환경의 긍정적 요소인 강점과 부정적 요소인 약점, 외부 환경의 긍정적 요소인 기회와 부정적 요소인 위협으로 구성되어 있다. 이를 파악하는 것을 토대로 강점은 살리고, 약점은 제거하며, 기회는 활용하고, 위협은 피해서 자사의 마케팅 전략을 수립해야 한다.

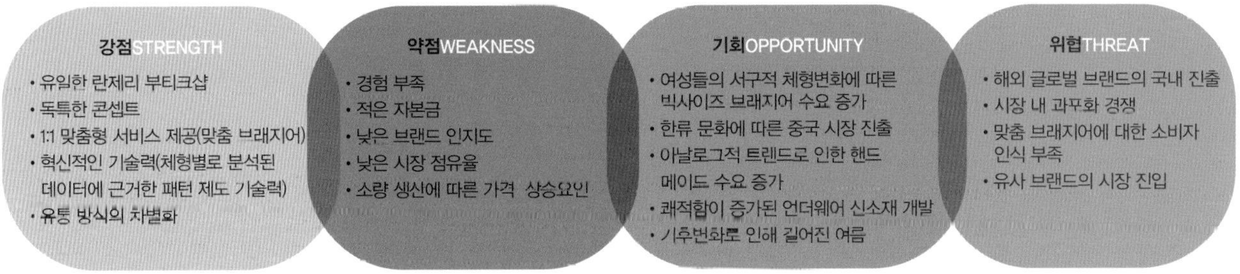

강점 STRENGTH	약점 WEAKNESS	기회 OPPORTUNITY	위협 THREAT
• 유일한 란제리 부티크샵 • 독특한 콘셉트 • 1:1 맞춤형 서비스 제공(맞춤 브래지어) • 혁신적인 기술력(체형별로 분석된 데이터에 근거한 패턴 제도 기술력) • 유통 방식의 차별화	• 경험 부족 • 적은 자본금 • 낮은 브랜드 인지도 • 낮은 시장 점유율 • 소량 생산에 따른 가격 상승요인	• 여성들의 서구적 체형변화에 따른 빅사이즈 브래지어 수요 증가 • 한류 문화에 따른 중국 시장 진출 • 아날로그적 트렌드로 인한 핸드메이드 수요 증가 • 쾌적함이 증가된 언더웨어 신소재 개발 • 기후변화로 인해 길어진 여름	• 해외 글로벌 브랜드의 국내 진출 • 시장 내 과무화 경쟁 • 맞춤 브래지어에 대한 소비자 인식 부족 • 유사 브랜드의 시장 진입

그림 3-1 SWOT 분석

1) 강점 STRENGTH

자사의 내적 요소 중 가장 강점인 부분을 분석하는 것이다. 유일한 란제리 부티크샵, 독특한 콘셉트, 1:1 맞춤형 서비스 제공(맞춤 브래지어), 혁신적인 기술력(체형별로 분석된 데이터에 근거한 패턴 제도 기술력), 유통 방식의 차별화 등이 이에 속한다. 이러한 강점을 최대한 살려서 전략을 수립하는 것이 중요하다.

2) 약점 WEAKNESS

자사의 내적 요소 중 가장 약점인 부분을 분석하는 것이다. 경험 부족, 적은 자본금, 낮은 브랜드 인지도, 낮은 시장 점유율, 소량 생산에 따른 가격 상승 요인 등이 이에 속한다. 이러한 약점을 최대한 줄일 수 있는 전략을 수립해야 한다.

3) 기회 OPPORTUNITY

기업의 외적 요소 중 긍정적인 기회 요인을 분석하는 것이다. 여성들의 서구적 체형 변화에 따른 빅사이즈 브래지어 수요 증가, 한류 문화에 따른 중국 시장 진출, 아날로그적 트렌드로 인한 핸드메이드 수요 증가, 쾌적함이 증가된 언더웨어 신소재 개발, 기후변화로 인해 길어진 여름 등이 이에 속한다. 이 밖에도 법적, 정치적, 기술적 요인 등이 기회로 작용하므로 이러한 외부적 기회를 최대한 활용해야 한다.

4) 위협 THREAT

기업의 외적 요소 중 부정적인 위협 요인을 분석하는 것이다. 해외 글로벌 브랜드의 국내 진출, 시장내 과포화 경쟁, 맞춤형 브래지어에 대한 소비자 인식 부족, 유사 브랜드의 시장 진입 등이 이에 속한다. 자사는 이러한 위협 요소를 잘 파악하여 위협을 기회로 만들 수 있는 전략을 수립해야 한다.

5P's Mix 전략

5P's Mix란 브랜드 런칭을 목적으로 자사의 제품이나 서비스를 소비자에게 가장 잘 홍보하고 판매하기 위한 마케팅 전략 중 하나이다. 제품(Product), 가격(Price), 유통(Place), 홍보(Promotion) 4가지 요소로 구성된 4P 전략에 사람(People)을 포함하여 5P's Mix라는 명칭이 되었다. 4P 전략은 4가지 구성 요소를 통해 마케팅 방향을 설정하는 것으로 1960년대 이후 마케팅 전략 기법으로 많이 사용되었다. 과거 제조업 분야의 대량생산, 대량유통 마케팅 전략 요소로서 중요하게 사용되어 왔으나 시대의 변화와 소비자의 소비욕구의 변화로 인해 4P 전략만으로는 부족한 점이 많다는 것이 드러났다. 따라서 이제는 기업의 입장만 고려되었던 4P 전략뿐만 아니라 서비스를 제공하는 점원과 소비자까지, 사람을 포함하는 5P's Mix 전략을 수립하는 것이 바람직하다.

1) 제품 PRODUCT

제품은 기업이 타깃시장에 제공하는 결과물로, 언더웨어 브랜드의 5P's Mix 전략 중 가장 중요하다고 할 수 있다. 언더웨어 브랜드 런칭을 위해 타사와는 차별화된 콘셉트와 테마로 이미지를 만들고 경쟁시장 내에서 새롭고 트렌디한 제품을 지속적으로 제공함으로써 시장에서 경쟁우위를 만들어 내야 한다. 이때 기업은 새로운 제품을 위한 상품 전략 기획을 수립해야 한다.

(1) 언더웨어 상품 전략

① 아이템별 상품구성 전략

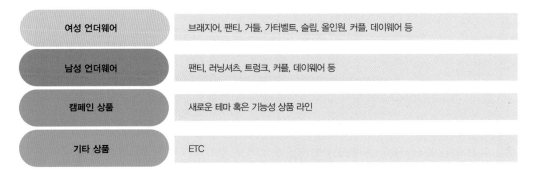

그림 **3-2**. 아이템별 상품구성 예시

② 시즌 테마별 이미지에 따른 상품구성 전략

그림 **3-3**. 감도에 따른 상품군 구분 예시

2) 가격 PRICE

가격은 소비자가 기업의 제품을 구매할 때 지불해야 하는 금액이다. 다른 상품에 비해 부가가치가 높은 언더웨어 패션 제품에서 상품에 대한 적절한 가치를 정하는 가격 전략은 매우 중요하다. 특히 브랜드 파워, 패션 시즌, 상품 디자인, 유통 방식에 따라 소비자가 지불해야 하는 가격은 크게 달라질 수 있기 때문에 기업은 상품에 알맞는 가격 전략을 수립해야 한다.

(1) 언더웨어 가격 전략

- 가격대 전략: 고가, 중고가, 중가, 중저가, 저가
- 가격 결정 전략: 원가 대비 가격 결정, 할인 판매 가격 결정, 기획상품 가격 결정
- 경쟁사 중심 가격 전략: 경쟁사 상대적 고가 전략, 경쟁사 대등 가격 전략, 소비자 중심 가격 전략

(2) 가격 전략 결정 시 주의할 점

- 수요 결정: 수요와 가격변화 관계 분석(수요의 가격 탄력성)
- 경쟁사의 가격과 디자인, 품질의 분석
- 원가 추정: 원가의 하한선 고려, 원가 절감을 통해 가격 결정

(3) 가격 결정에서 미리 고려해야 할 점

- 제품 원가: 원부자재 비용+재단 및 봉제공임
- 유통 플랫폼의 평균 수수료
- 배송비, 포장비

3) 유통 PLACE

유통이란 생산된 상품이 소비자에게 전달되는 이동 경로 및 장소를 뜻한다. 과거 언더웨어 유통은 제조업체-도매상-소매상-소비자로 이동하는 것이 일반적이었으나 최근에는 SPA 브랜드의 런칭, 대형 할인마트, TV홈쇼핑, 인터넷과 모바일 등 온라인 쇼핑몰의 등장으로 유통 경로를 축소시켜 제조업체에서 바로 소비자로 이동하는 추

세이다. 따라서 기업은 상품의 판매 특성을 잘 고려하여 기업에 맞는 유통 선략을 수립해야 한다

(1) 유통 경로

① 제조업자-소비자

PB(Private Brand) 브랜드나 자체 제자 상품을 언더웨어 제조 기업이 직접 판매하는 유통 방식으로, SPA(Speciality retailer of Private label Apparel) 브랜드도 여기에 속한다. 가장 짧은 유통 경로로 제조업체와 소비자가 직접 만남으로써 불필요한 유통 마진이 사라져 가격 경쟁력이 높아지는 효과를 얻을 수 있다. 본사에서 자사 온라인몰, 오프라인 매장을 모두 직접 관리 및 운영하는 방식이며, 전 제품 판매 및 재고 관리를 본사가 책임진다.

사신 **3-1.** H&M 사사몰 핀매 페이지   사진 **3-2.** OYSHO 자사몰 판매 페이지

② 제조업자-소매업자-소비자

내셔널 브랜드 전문점, 백화점, 할인마트, 인터넷 전문몰, 인터넷 카테고리몰, TV홈쇼핑 등에 언더웨어 제조 기업이 제품을 공급하여 소비자로 전달되는 유통 경로를 말한다. 각 유통 채널별로 일정 금액의 판매 수수료를 지불해야 한다.

사진 3-3. 유럽 백화점 매장

③ 제조업자-인터넷 플랫폼-소비자

온라인 쇼핑몰 또는 인터넷 쇼핑몰은 온라인상에서 제품을 판매할 수 있는 장소를 가리키는 말이다. 쿠팡, G마켓, 11번가, 무신사, W컨셉과 같은 온라인 플랫폼에 제조업자나 도매상인이 입점하여 판매하는 것을 온라인 마켓 플레이스(online market place)라고 한다. 온라인 마켓 플레이스에 입점하여 제품을 판매할 경우 온라인 플랫폼 서비스를 제공한 업체에 일정 금액의 판매 수수료를 지불해야 한다.

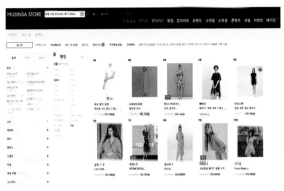

사진 3-4. 무신사 판매 페이지

사진 3-5. W컨셉 판매 페이지

④ 제조업자-자사 인터넷 쇼핑몰-소비자

제조업체에서 직접 자사 인터넷 쇼핑몰을 만들고 운영하는 방식이다. 중간유통을 거치지 않고 소비자에게 직접 제품을 판매하기 때문에 유통 수수료가 발생하지 않는다.

사진 3-6. 란제리한 홈페이지

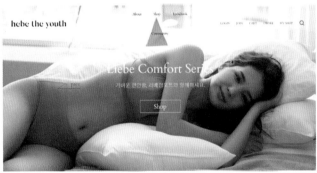

사진 3-7. 헤베더유스 홈페이지

4) 광고 PROMOTION

광고 프로모션(advertising promotion)에서 광고란 브랜드가 특정 타깃층을 대상으로 일정한 기간 동안 전달해야 하는 비인적 형태의 매스 커뮤니케이션이다. 광고 활동은 기업의 제품과 이미지를 잠재적인 소비자에게 인식시키고, 상품을 구매할 수 있도록 촉진하는 활동 전반을 말한다. 프로모션이란 판매촉진을 목적으로 만든 인쇄물, 시

각자료 등 여러 가지 방법을 써서 판매가 늘도록 유도하는 활동이다. 특히 인터넷이 발달하면서, 과거 텔레비전, 신문, 잡지 등과 같은 전통적인 대중매체를 통해 광고, 홍보했던 기존의 방식과는 다르게 사용자 간 관계를 형성 할 수 있는 웹 기반의 플랫폼인 SNS(소셜 네트워크 서비스)가 중요한 광고 수단이 되었다.

소셜 미디어 마케팅(social media marketing)이란 인스타그램, 유튜브, 페이스북 등 익명의 다른 사람들과 소통할 수 있는 앱 서비스, 일명 소셜 미디어를 활용하는 마케팅 기법을 말한다. SNS 마케팅은 크게 SMM(Social Media Management) 마케팅과 광고 마케팅(paid ads)으로 구분된다. SMM 마케팅은 블로그, 카페, 유튜브 등의 플랫폼을 통해 기업의 제품이나 이미지 등 고유 콘텐츠를 잠재 고객에게 노출시키는 전략이며, 광고 마케팅은 플랫폼에 비용을 지불하고 원하는 타깃층에 의도적으로 노출시키는 전략이다.

사진 3-8. 인스타그램

사진 3-9. 유튜브

사진 3-10. 페이스북

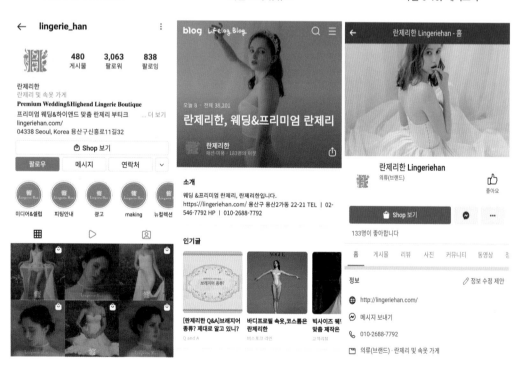

사진 3-11. 란제리한 인스타그램

사진 3-12. 란제리한 네이버 블로그

사진 3-13. 란제리한 페이스북

5) 사람 PEOPLE

기존의 4P 마케팅 전략에 추가된 요소로서 인터넷의 등장으로 다변화된 유통 환경에서 소비자(consumer)의 참여가 마케팅에 중요한 부분이 되었다. 기업이 소비자에게 일방적으로 재화와 서비스를 공급하는 방식이 아니라, 상호 간 소통을 통해 기업은 소비자가 원하는 서비스를 적극적으로 제공할 수 있게 되었다. 소비자는 직접 제품과 서비스에 대한 의견을 제시하고 입소문(바이럴 마케팅)에 참여하기도 한다. 삼성의 비스포크 냉장고, 스타벅스의 커스텀 음료 주문, 란제리한의 비스포크 란제리 등이 대표적인 예이다.

사진 **3-14**. 삼성 비스포크 냉장고

사진 **3-15**. 스타벅스 커스텀 메뉴

사진 **3-16**. 란제리한 비스포크 란제리

Under wear————

언더웨어 브랜드 런칭을 위한 콘셉트와 브랜드 아이덴티티

4

언더웨어 브랜드 런칭을 위한
콘셉트와 브랜드 아이덴티티

콘셉트 설정

콘셉트(concept)란 사고방식이나 구상을 뜻하는 것으로, 콘셉트 설정이란 언더웨어 브랜드 이미지를 결정할 때 기존에 없었던 새로운 개념의 이미지나 느낌을 찾아내거나 같은 것을 새로운 관점에 따라 차별화하는 것을 의미한다.

1) 브레인 스토밍: 아이디어 발상

예 1   마돈나와 레이디 가가는 섹시하고 파격적인 모습을 보여주며 각 시대를 대표하는 패션 아이콘이
사 뮤지션이다. 하지만 마돈나의 섹시는 우아하고 푸멀하며 고혹적인 모습을 보여주는 반면, 레이디 가
가의 섹시는 펑키하고 파워풀하며 매우 진위직인 모습을 보여준다. 두 뮤지선의 이미지는 '섹시'라는 공
통된 단어로도 설명할 수 있지만, 각각 다른 콘셉트를 가지고 있다고 할 수 있다.

사진 **4-1**. 마돈나   사진 **4-2**. 레이디 가가

예 2   영국 란제리 브랜드 "Agent Provocateur"의 섹시함과 프랑스 란제리 브랜드 "Chantal Thomas"
의 섹시함은 다른 콘셉트이다.

사진 **4-3**. Agent Provocateur

사진 **4-4**. Chantal Thomas

그림 **4-1**. 이미지맵(학생작품)

그림 4-1은 세련되고 유니크한 감각으로 표현한 모던, 섹시, 페미닌, 시크 스타일의 란제리 콘셉트 이미지이다. 20대 중반에서 30대 초반의 젊은 감성을 가진 커리어 우먼을 타깃으로 고품격이고 합리적인 가격대의 패션 란제리를 제안하고자 하였다.

Q. 런칭할 브랜드의 콘셉트 이미지맵을 작업해보자.

2) 시즌 테마 이미지맵

콘셉트가 큰 범위 내에서 드러내려고 하는 주된 생각이나 의도된 주제, 전체적인 분위기 혹은 느낌이라면, 테마(theme)는 언더웨어 디자인의 좀 더 좁은 범위 내에서 표현하고자 하는 스토리텔링(story telling)이라 할 수 있다. 언더웨어 디자이너가 새로운 시즌의 제품을 기획하고 디자인하기 위해서는 콘셉트에 맞는 시즌 테마를 설정해야 한다. 브랜드마다 조금씩 다르지만 보통 시즌별로 2~3개의 메인 테마와 1~2개의 서브 테마를 정하고, 그에 맞는 테마 이미지맵을 만들어야 한다.

그림 **4-2.** 시즌 테마 이미지맵(블랙)

그림 **4-3.** 시즌 테마 이미지맵(학생작품) 1

그림 **4-4.** 시즌 테마 이미지맵(학생작품) 2

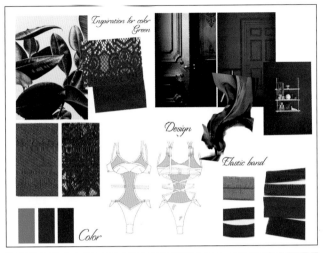

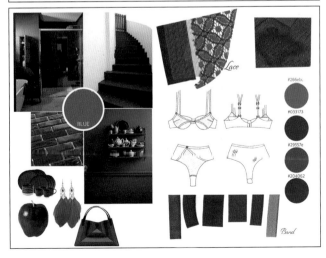

그림 4-5. 시즌 테마 이미지맵(학생작품) 3

BIKINI DESIGN

UNDERWEAR DESIGN

MONOKINI DESIGN

그림 4-6. 시즌 테마 이미지맵(학생작품) 4

Q. 런칭할 브랜드의 시즌 테마 이미지맵 3가지를 작업해보자.

브랜드 아이덴티티 설정

브랜드 아이덴티티(brand identity)란 브랜드의 철학과 이미지를 의도적으로 통일하여 보여주는 것으로, 줄여서 'BI'라고 표현하기도 한다. 다른 브랜드와 차별화된 독자적인 브랜드의 개성을 만들어 내고 신뢰성을 주는 요소로 브랜드 이미지를 강력하게 하는 데 필수적이다.

PRINCESSE tam·tam
PARIS

사진 **4-5.** Princess tam tam

사진 **4-6.** COSABELLA

1) 브랜드 네임

브랜드 네임(brand name)은 상표명을 말하는 것으로, 브랜드 콘셉트와 이미지에 잘 부합되도록 설정해야 한다. 하나의 단어 혹은 단어와 단어의 조합, 디자이너 이름 또는 추상적 로고인 심벌(symbol)을 같이 디자인하여 조합하기도 한다. 브랜드 네임을 정한 후에는 글씨체인 폰트를 디자인해야 하는데, 이를 '타이포그래피'라고 하며, 캘리그래피 디자인 기법을 사용하기도 한다.

사진 **4-7.** VENUS: 그리스 신화에서
등장하는 미의 여신

사진 **4-8.** ELLE: 독일어로 "그녀"
라는 의미

사진 **4-9.** MOONYA MOONYA:
의성어를 표현한 단어

그림 4-7. 학생작품: 브랜드 네임 "페쉬크"

영어로 '마음을 사로잡다'는 의미의 Fascinate와 불어로 '멋'이라는 의미의 Chic를 조합하여 만들어진 브랜드 네임이다.

Q. 런칭할 브랜드의 브랜드 네임을 만들어보자.

2) 브랜드 로고 디자인

브랜드 로고(logo)란 브랜드를 나타내는 대표적인 시각적 이미지이다. 브랜드 네임을 정한 후에는 브랜드 콘셉트와 이미지에 맞는 대표 이미지를 디자인해야 하며, 이때 브랜드 네임에 맞는 워드마크(word mark)와 심벌 디자인 모두를 브랜드 로고라 부른다.

(1) 브랜드 워드마크 디자인

브랜드 워드마크 디자인을 위해서는 서체(폰트), 컬러, 크기, 행간, 자간 등 여러 가지 요소를 고려해야 하며 런칭하고자 하는 브랜드의 콘셉트와 잘 맞도록 구상하는 것이 중요하다.

Lingerie Han

L i n g e r i e H a n

그림 4-8. 란제리한 로고 디자인 비교

브랜드 워드마크를 디자인할 때 자간(글자와 글자 사이)의 간격을 띄우면 글자와 글자 사이에 호흡할 수 있는 여유가 느껴져 고급스러운 이미지를 연상시킬 수 있다.

Chantal Thomass

PARIS

사진 4-10. Chantal Thomass 로고

CHANTAL THOMASS

CHANTAL THOMASS

그림 4-9. Chantal Thomass 로고 디자인 비교

프랑스의 대표적인 란제리 디자이너 브랜드 Chantal Thomass의 워드마크는 첫 번째 그림처럼 대문자와 소문자를 섞어 디자인하였다. 같은 폰트로 이루어진 디자인일지라도 소문자는 좀 더 여성스러운 이미지를 준다. 두 번째는 모든 글자를 대문자로 바꾼 디자인이다. 워드마크가 좀 더 남성적인 이미지로 바뀐 것을 볼 수 있다. 세 번째는 눕혔던 글자를 바로 세운 것이다. 바로 세웠을 때 워드마크 디자인은 더욱 남성적이며 신뢰감을 주는 이미지로 변화한다.

(2) 브랜드 심벌 디자인

심벌(symbol)이란 브랜드의 이미지를 추상적으로 형상화하는 것이다. 워드마크처럼 즉각적이고 직접적인 이미지를 전달하지는 않지만, 보다 간결하고 관념적 이미지를 보여주기 때문에 브랜드의 상징적인 이미지를 강력하고 깊게 전달한다.

사진 **4-11**. Lingerie Han

사진 **4-12**. Wacoal

사진 **4-13**. Triumph

사진 **4-14**. IMPLICITE

Q. 런칭할 브랜드의 브랜드 로고와 심벌 디자인을 작업해보자.

Under wear ——

언더웨어 실무디자인-컬러

5

언더웨어
실무디자인
컬러

언더웨어의 3대 디자인 요소는 색(컬러), 질감(소재), 형태(실루엣)로 구성되어 있다. 인간의 몸에 기능적으로 착용되어야 하는 특성 때문에 언더웨어의 형태와 소재에는 많은 제약이 따른다. 따라서 언더웨어 디자인을 위해서는 아이템의 특성을 잘 이해하고 자신의 브랜드 콘셉트에 가장 잘 어울리는 컬러와 소재를 선택하여 아름답고 혁신적인 실루엣을 만들 수 있어야 한다.

색의 이해

색은 인간을 눌러싼 모든 부분, 즉 자연환경을 비롯한 미술, 디자인, 신축, 패션 등 다양한 분야에서 빼놓을 수 없는 요소이다. 만물은 형태와 색으로 이루어져 있다. 인 시의 시각은 가장 먼저 실루를 빈에시에 바꾸이 관계 없이 형태리도 컬러가 아름다우 면 시선을 빼앗긴다. 형태를 이해하는 과정에는 크기와 비례 등 복잡한 조형 원리를 파악하는 과정이 필요하지만 색은 순간의 느낌을 전달한다. 따라서 형태의 제약이 따르는 언더웨어 디자인에서 컬러는 매우 중요한 요소 중 하나이다.

1) 색의 개념

색이란 가시광선 안에서 물체가 빛을 흡수하고 반사되는 결과로 나타나는 현상이다. 사물의 밝고 어두움, 빨강이나 노랑으로 구분되는 색상과 같은 물리적 결과물을 말한다. 즉, 인간이 느끼는 색이란 빛의 파장에 의해 결정된 것이라고 할 수 있다. 우리가 붉은 장미를 빨갛다고 인식하는 것은 장미에서 반사된 빨간 빛을 보는 것이다.

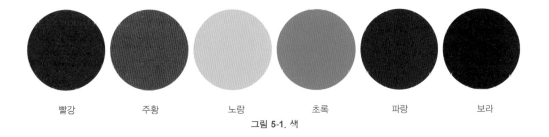

| 빨강 | 주황 | 노랑 | 초록 | 파랑 | 보라 |

그림 5-1. 색

2) 삼원색

삼원색이란 독일의 철학가 괴테가 확립한 색 체계로서 빨강, 노랑, 파랑으로 구성된

3가지 원색을 의미한다. 삼원색은 색의 가장 기본이 되는 컬러로 2가지 컬러를 섞어 다른 컬러를 만들어 낼 수 있지만, 다른 색을 섞어 삼원색을 만들 수는 없다. 3가지를 모두 섞으면 검정에 가까워진다. 예를 들어, 빨강과 노랑을 섞으면 주황색이, 파랑과 노랑을 섞으면 녹색이 만들어진다. 이렇게 삼원색을 이용해 수많은 컬러를 만들어 낼 수 있다.

그림 **5-2**. 삼원색

3) 색상환

색상환은 색의 연결고리를 의미한다. 삼원색 중 빨강과 노랑 2가지 색을 섞어 2차색인 주황을 만들고, 2차색끼리 섞어 3차색을 만든 후, 이들을 색이 섞인 순서대로 둥글게 연결하는 것이다. 색상환을 만들어 보는 것은 색의 관계를 이해하는 데 매우 중요한 방법이며, 색상의 연결고리를 통해 보색이나 준보색, 인접색 등을 쉽게 확인할 수 있다.

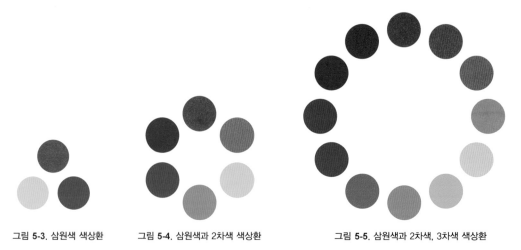

그림 **5-3**. 삼원색 색상환   그림 **5-4**. 삼원색과 2차색 색상환   그림 **5-5**. 삼원색과 2차색, 3차색 색상환

Q. 삼원색으로 다양한 색상환을 만들어보자.

색의 조화

색은 단독으로 존재하기도 하지만 대부분 2가지 이상의 색을 배색하여 느낌을 만들어 낸다. 여러 가지 색이 어우러져 만들어 내는 결과물이 조화를 이룰 때 색은 아름답게 전달된다. 따라서 디자이너가 색을 다룰 때 얼마나 조화롭게 배색할 수 있는지가 무엇보디 중요하다. 색을 조화롭게 다루기 위해서는 색의 3속성(색상, 채도, 명도)에 대한 이해, 톤(tone)과 유사색, 보색과 준보색의 관계에 대한 이해가 먼저 선행되어야 한다. 또한 각 색상의 특성과 톤의 관계를 잘 파악하고 수만 가지의 컬러를 자유롭게 다루는 방법을 학습해야 하는데, 이때 색의 이론적 원리에 대한 이해와 이를 디자인에 직접 적용해 보는 실습이 병행되어야 한다. 언더웨어 디자인에서는 2~4색 컬러 배색을 하는 것이 일반적이다. 특히 겉옷에 비해 화려한 디자인의 패션 란제리는 수준 높은 컬러 배색 능력을 요구한다.

1) 색의 3속성

색의 3속성이란 색상(hue), 명도(value), 채도(chroma)를 말한다. 색상은 유채색과 무채색으로 나누어진다. 태양의 빛이 가시광선 안에서 뚜렷하게 구별되는 빨강, 노랑, 파랑처럼 고유의 색상을 가진 색을 유채색이라고 한다. 반면에 검정, 회색, 흰색과 같이 명암으로만 구별되고 고유의 색이 없는 색을 무채색이라 한다. 명도는 색상과는 상관없이 밝고 어두움의 정도를 말하는 것으로, 흰색이 가장 밝은 단계이며 검정색이 가장 어두운 단계이다. 예를 들어, 유채색 중 노란색은 명도 단계 2단계 정도로 밝은 편이며, 주황색은 명도 단계 3단계 정도로 중간 밝기라 볼 수 있다. 마지막으로 채도는 색의 순도(saturation), 즉 얼마나 원색에 가까운가를 나타내는 것으로 색의 맑고 탁한 정도를 말한다.

그림 5-6. 유채색 색상표

그림 5-7. 무채색의 명도 단계

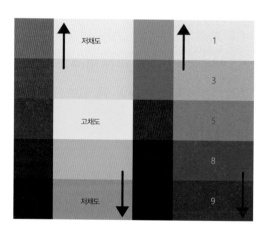

그림 5-8. 색상에 따른 채도와 명도

2) 톤

톤(tone)이란 순색에 무채색(흰색, 검정색)을 섞어서 같은 명도와 같은 채도로 나눠 규칙적으로 나열해 놓은 것을 의미하며, 다른 말로 '색체계'라고 한다. 가장 오래되고 전 세계적으로 많이 사용하는 색체계는 먼셀(Munsel)이 고안한 '먼셀의 색체계'이다. 1904년 교육용으로 고안된 먼셀의 색체계는 색을 색, 채도, 명도로 분류하는 표시 방법이다. 이 밖에도 오스트발트(Wilhelm Ostwald)의 색체계, NCS, CIE 등 여러 색체계가 존재하지만 국내에서는 1964년 일본 색채 연구소가 발표한 배색체계인 PCCS(Pratical Color Co-ordinate System)를 많이 사용한다. 명도와 채도를 '톤'이라는 개념으로 정리하고 색 이름과 함께 2가지 기호로 표시하는 색 표시 방법으로서 패션 컬러 용어로 자주 사용하는 비비드톤(vivid tone), 페일톤(pale tone) 등을 예로 들 수 있다.

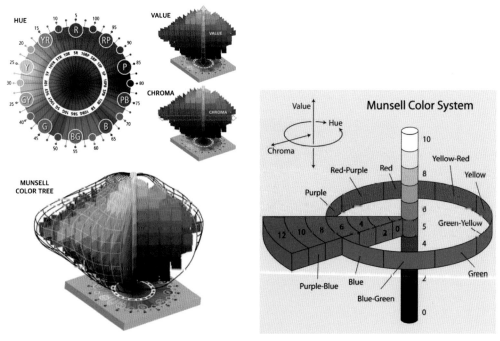

그림 5-1,2. 먼셀 색체계

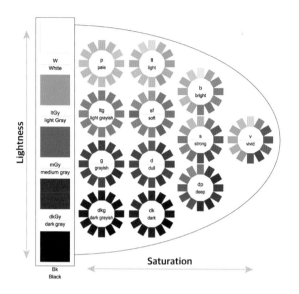

사진 **5-3**. PCSS 색체계

3) 동일계열색

동일계열색이란 한 가지 색을 명도와 채도만 변화시킨 색이다. 예를 들어, 빨간색에 흰색을 섞어 만든 분홍색과 빨간색에 검정색을 섞어 만든 갈색을 동일계열색이라고 말한다. 같은 피를 나눈 형제와 같은 컬러이다.

그림 **5-9**. 동일계열색 배색

Q. 콘셉트 이미지에서 컬러를 추출하고 동일계열색 배색 실습을 해보자.

4) 유사색(인접색)

유사색이란 색상환에서 한 가지 색을 기준으로 양옆의 색을 말한다. 주황색 옆의 다홍색이나 언두색 옆의 녹색을 유사색으로 볼 수 있다. 여러 칸 떨어져 그라데이션을 형성하지 못하면 인접색이라 하지 않는다. 가까이 있는 친구 같은 컬러이다.

그림 **5-10**. 유사색 배색

5) 보색

색상환에서 반대편에 있는 컬러를 보색이라고 한다. 예를 들어, 빨간색과 녹색, 수황색과 파랑색이 보색 관계이다. 반대되는 컬러들의 조합은 강한 이미지를 전달한다.

그림 **5-11**. 보색 배색

사진 **5-4**. 보색 배색으로 디자인된 수영복

6) 준보색

보색처럼 정확하게 반대편에 있지는 않지만 인접색보다는 먼 곳에 위치한 컬러를 준보색이라고 한다. 예를 들어, 다홍색과 보라색, 주황색과 연두색이 준보색 관계이다.

그림 5-12. 준보색 배색

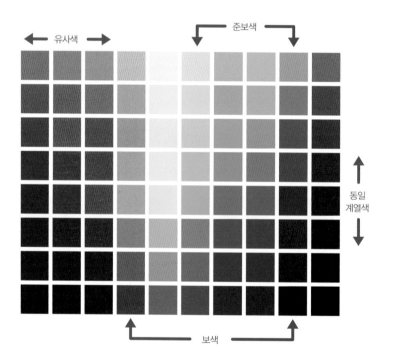

그림 5-13. 색상 간 관계가 포함된 색상단계표

색의 배색 원리

색상, 명도, 채도, 톤 등을 이해하더라도 2가지 혹은 그 이상의 색을 실무에서 배색해야 할 때 막상 어떤 컬러를 어떻게 배색해야 하는지 난감할 때가 많다. 컬러는 머리로 이해한다고 해서 바로 실전 능력이 향상되는 것이 아니기 때문이다. 컬러를 잘 다루기 위해서는 톤온톤(Tone on Tone) 배색, 톤인톤(Tone in Tone) 배색, 보색 배색, 무채색의 활용, 배색에서의 한색과 난색에 대한 이해와 실습을 통해 색의 논리적 특성을 잘 분석하고 활용하는 것이 필요하다.

1) 톤온톤 배색 TONE ON TONE

톤온톤으로 배색하면 안정감 있는 배색을 쉽게 구현할 수 있지만 자칫 심심하거나 무난한 느낌을 줄 수 있다. 비교적 쉬운 배색 원리이며, 동일계열색 배색이라고도 부른다.

그림 **5-14.** 톤온톤 배색

Q. 콘셉트 이미지에서 컬러를 추출하고 톤온톤 배색 실습을 해보자.

2) 톤인톤 배색 TONE IN TONE

유사색 배색이라고도 불리는 톤인톤 배색은 동일계열색 배색보다는 좀 더 다양하고
세련된 느낌을 줄 수 있다. 보색이나 준보색 배색보다 안정감 있는 컬러 배색을 구현
하면서도 지루하지 않다.

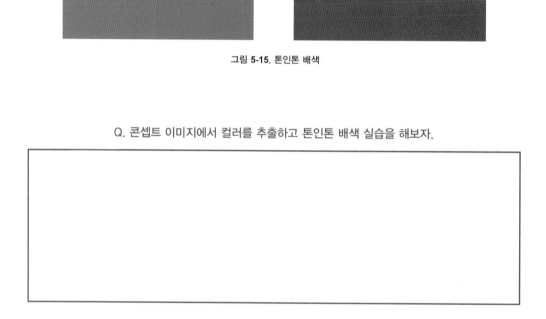

그림 **5-15**. 톤인톤 배색

Q. 콘셉트 이미지에서 컬러를 추출하고 톤인톤 배색 실습을 해보자.

3) 보색 배색

서로 반대되는 컬러들의 조합으로 매우 강한 인상을 준다. 특히 채도가 높은 순색 컬
러들의 보색 배색은 매우 강하게 시선을 자극하여 주위가 오히려 흐려보이는 헐레이
션(halation) 현상을 일으킨다. 글자와 배경 컬러가 채도 높은 보색 대비를 이루게 되
면 가독성을 떨어뜨릴 수 있다. 이때 좀 더 안정감 있게 배색하기 위해서는 명도나
채도를 낮추는 방법이 있다.

그림 **5-16**. 보색 배색

사진 **5-5**. 보색 배색으로 디자인된 수영복

Ⅴ. 콘셉트 이미지에서 컬러를 추출하고 보색 배색 실습을 해보자.

4) 준보색 배색

보색 배색보다는 약하고 톤인톤 배색보다는 강한 느낌을 주는 컬러 배색 방법이다. 인접색보다는 멀리 떨어져 있어 생동감 있고 독특한 컬러 배색을 할 수 있다. 명도와 채도를 변화시키면 다양하고 독특한 컬러 배색이 가능하다.

그림 **5-17**. 준보색 배색

사진 **5-6,7,8**. 준보색 배색으로 디자인된 수영복

Q. 콘셉트 이미지에서 컬러를 추출하고 준보색 배색 실습을 해보자.

5) 3색 배색

2가지 컬러 배색을 넘어 3가지, 4가지 컬러 배색을 해야 한다면 자칫 산만해질 수 있기 때문에 2가지 배색보다 더 치밀한 계산이 필요하다. 이때 톤온톤과 톤인톤 배색 버지을 이용하면 조금 더 쉽게 조화로운 배색을 만들 수 있다.

그림 **5-18**. 3색 배색

Q. 콘셉트 이미지에서 컬러를 추출하고 3색 배색 실습을 해보자.

6) 무채색과의 배색

무채색과 유채색의 배색은 유채색끼리의 배색과는 다른 이미지를 만든다.

사진 **5-9**. 무채색과 유채색이 배색된 란제리 디자인

(1) 검정색과의 배색

검정색 옆의 유채색은 검정으로 인해 강하게 시선을 사로잡는다. 이때 검정색과 힘의 균형을 이룰 수 있도록 유채색의 명도와 채도를 고려해야 한다.

그림 **5-19**. 검정색과의 배색

사진 **5-10**. 검정색과 유채색이 배색된 란제리 디자인

Q. 콘셉트 이미지에서 컬러를 추출하고 검정색과 유채색의 배색 실습을 해보자.

(2) 회색과의 배색

회색은 주변 컬러를 차분하게 정리해 준다. 어떤 유채색과도 잘 어울리는 회색을 배색할 때는 배색할 유채색이 한색 계열인지 난색 계열인지만 체크한다.

그림 **5-20**. 회색과의 배색

Q. 콘셉트 이미지에서 컬러를 추출하고 회색과 유채색의 배색 실습을 해보자.

(3) 흰색과의 배색

흰색은 주변에 어떤 색이 위치해도 산뜻하게 만들어 준다. 한 가지 색이 아니라 여러 가지 색이 와도 흰색 옆이라면 문제없다. 그래도 자칫 산만해질 수 있는 컬러들은 정리해 주는 것이 좋다.

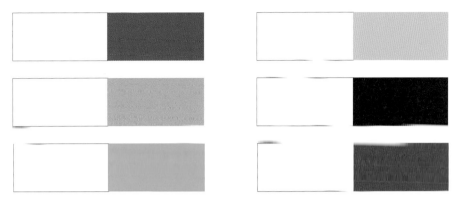

그림 **5-21**. 흰색과의 배색

사진 **5-11**. 흰색과 유채색이 배색된 란제리 디자인

◯ 콘셉트 이미지에서 컬러를 추출하고 흰색과 유채색의 배색 실습을 해보자.

7) 같은 톤 배색

아무리 컬러를 원리에 따라 배색해도 조화를 이루지 못한다면 마지막으로 톤 정리를
통해서 해결할 수 있다. 명도와 채도를 맞춰 톤 정리를 하고 배색한다.

그림 **5-22.** 같은 톤 배색

사진 **5-12.** 같은 톤으로 배색된 란제리 디자인

Q. 아래 나열된 다양한 속옷 디자인의 배색 원리를 분석해보자.

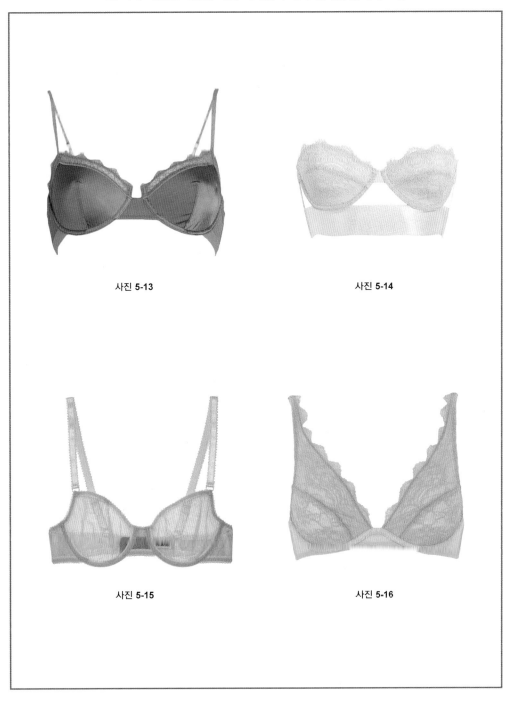

사진 5-13

사진 5-14

사진 5-15

사진 5-16

Under wear ——

언더웨어 실무디자인 - 소재

6

CHAPTER 6

언더웨어
실무디자인
소재

속옷은 몸의 가장 안쪽에 착용하는 의복이므로 활동성과 기능성을 갖추는 것은 물론, 심미적인 부분까지 고려한 소재를 사용해야 한다. 서양의 초기 속옷에 사용된 소재는 린넨(마) 혹은 양모였으나, 르네상스 시대 새로운 항로가 개척되면서 인도에서 면이 다량 수입된 이후에는 면이 사용되었다. 인조섬유가 발명되기 전에는 속옷의 주재료는 천연섬유였다. 19세기 말에는 반합성섬유인 레이온이, 1차 세계대전 이후에는 최초의 합성섬유인 나일론이 발명되면서 속옷은 비약적으로 발전하였다. 기능성이 필수적인 언더웨어 소재는 겉옷의 소재와는 또 다른 특성을 갖기 때문에 언더웨어 소재를 정확히 이해하는 것은 언더웨어 디자인에서 매우 중요한 부분이다.

섬유

하나의 재료가 직물이 되기 위해서는 원료인 섬유(fiber)에서 실(yarn), 그리고 원단 (fabric)으로 가는 과정을 거치게 된다. 섬유란 실을 만들 수 있는 사장 기본 단위로 가늘고 긴 형태를 가지고 있다. 섬유의 종류에는 크게 천연섬유와 인조섬유가 있다. 천연섬유에는 면, 마, 모, 견이 대표적이며 인조섬유는 반합성(재생)섬유, 합성섬유로 구분된다. 반합성섬유에는 레이온, 리오셀, 텐셀 등이 있고, 합성섬유에는 폴리아미 드(나일론), 폴리에스터, 아크릴, 폴리우레탄(스판덱스) 등이 있다.

천연섬유

1) 면 COTTON

면은 나무에서 재배되는 목화솜을 주재료로 한다. 목화에는 다양한 품종이 있으나 현재 일반적으로 사용되는 것은 1년생 관목이다. 면 섬유는 천연 꼬임이 있어 방적 성을 갖기 때문에 기원전 3000년 전부터 인도인들은 목화솜으로 실을 만들고 원단 을 직조해 의복으로 만들어 입었다. 면 섬유 단면 중앙에는 '중공'이라는 빈 구멍이 있다. 중공은 인체로부터 나오는 땀이나 수분을 빠르게 흡수하여 섬유 내에 저장하고 공기층을 함유할 수 있어 쾌적성과 보온성을 높인다. 중공 부분은 평소에 납작하게 찌그러져 있다가 물이 차면 팽창하는 현상이 일어나는데, 이러한 특징을 이용해 150년 전 영국의 존 머서(John Mercer)는 양잿물을 이용하여 광택 효과를 주는 머서라이징(mercerizing) 가공과 구김 방지 가공을 고안해 냈다. 섬유 단면은 피브릴(fibril, 미세섬유)로 막을 형성하고 있으며, 이는 식물체 세포막의 주성분인 다당류 섬유소(셀룰로오스)로 구성되어 있다. 피브릴로 인해 면 섬유는 다른 섬유에서 느낄 수 없는 특유의 포근함과 부드러운 촉감을 지니게 된다. 속옷에 사용되는 면은 품질이 좋아야 하는데 면의 품질을 결정하는 것은 섬유장의 길이이다. 섬유장이 길어야 세번수의 면사를 뽑을 수 있다. 해외에서 수입되는 고급 면은 섬유장이 44mm인 미국 남부 해안 지대에서 생산되는 해도면이 대표적이며 다음으로는 이집트 면, 중국 면, 인도 면 순으로 품질이 좋다.

셀룰로오스 cellulose
탄소와 산소, 수소로 이루어진 천연 고분자 화합물이다. 태양에너지, 이산화탄소, 물이 있으면 면을 만들 수 있다.

사진 6-1. 면화

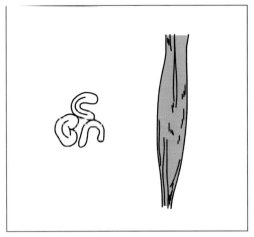

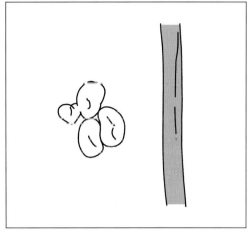

머서라이징 가공 전 면 섬유 형태   머서라이징 가공된 면 섬유 형태

그림 6-1. 면 섬유 형태

(1) 면 섬유의 특징

면은 천연섬유 중에서 강도가 마 섬유 다음으로 높고 물에 젖으면 강도가 더 높아져 물세탁에 강하다. 흡습성이 우수해 염색성이 좋을 뿐만 아니라, 땀과 같은 분비물을 잘 흡수하여 내의용과 유아복 의류에 매우 적합한 섬유이다. 그러나 면 섬유는 제직 되는 과정에서 당겨졌던 면이 원래 상태로 되돌아 가려는 성질로 인해 처음 세탁 시 크게 수축하는 단점이 있다. 이러한 수축을 막기 위해서는 방축 가공이 필요하다. 또 한 면은 탄성(resilience)이 좋지 못해 착용, 세탁, 건조 시 구김이 잘 생기는 단점이 있 으며 기계 건조 시 구김이 더 많이 생길 수 있다. 이때 퍼머넌트 프레스 가공으로 탄 성을 높일 수 있다. 면이 구김이 잘 기는 또 다른 이유는 면을 구성하고 있는 셀룰로 오스가 습도가 높을수록 잘 구부러져서 고정되는 특징이 있기 때문이다. 이로 인해 습도가 낮으면 구김이 잘 가지 않고 습도가 높으면 구김이 더 심해진다. 구김을 방지 하기 위해서는 수지(resin) 가공하는 방법이 있다. 면의 내일광성은 중간 정도로 직사 광선이 없는 곳에서는 변화가 일어나지 않지만, 긴 시간 직사광선에 노출되면 강도 가 점점 줄어들고 변색이 조금씩 일어난다. 면 섬유는 연소 시 종이 타는 냄새가 나 며, 타고 남은 재는 부서지고, 불을 꺼도 불씨가 남아 있다.

(2) 면사의 방적 과정

면직물을 생산하기 위해 목화에서 실을 뽑아내는 과정을 '방적'이라고 한다. 면 섬유의 방적 과정은 다음과 같다.

① 다래: 7~8월이 되면 목화꽃이 만개하고, 꽃이 지면 도토리 모양의 열매인 다래가 남는다.

② 면화: 다래가 여물면 벌어지면서 목화솜인 면화가 나온다. 기을 서리가 내리기 전에 수확해야 한다.

③ 개면: 수확한 면화, 즉 솜덩어리를 '실면'이라고 한다. 면화를 수확한 후 실면 안쪽에 작은 씨앗들을 제거하는 과정인 개면 공정을 한다. 씨를 빼낸 실면을 린트(lint)라 하고, 빼낸 씨에 남아 있는 짧은 섬유는 린터(linter)라고 한다. 린터는 재생 섬유의 원료가 된다.

④ 혼타면(blowing): 원면 뭉치를 풀고, 원면에 포함된 잡물을 제거한 후 다른 종류의 원면을 혼합하고 두터운 솜을 만드는 과정이다. 혼타면은 개면, 혼면, 타면 공정으로 세분화된다.

⑤ 소면(carding): 혼타면 공정 후 엉키거나 뭉친 면 섬유를 빗질하여 한 올 한 올 분리하고 남아 있는 불순물을 제거하여 섬유 집합체(슬라이버)를 만드는 공정이다.

⑥ 정소면(combing): 소면이 끝난 슬라이버를 다시 빗질하여 짧은 섬유와 넵(nep)을 완전히 제거하고 섬유를 더 평행하게 배열하는 공정이다.

⑦ 연조: 여러 개의 슬라이버를 합쳤다가 다시 늘려 한 개의 슬라이버를 만드는 공정이다. 소면 및 정소면을 거친 슬라이버는 굵기가 고르지 않기 때문에 연조 공정을 통해 굵기를 균일하게 하여 섬유를 길이 방향으로 곧고 평행하게 만들어 준다. 연조 시 섬유의 혼방이 가능하다.

⑧ 조방: 연조 공정을 거친 슬라이버를 더 늘려서 가늘게 하는 공정으로 최소한의 꼬임을 주어 적당한 강도를 유지할 수 있도록 해 준다.

⑨ 정방: 조방에서 얻어진 실을 더 가느다랗게 늘려주고 꼬임을 주어 실을 완성하는 공정이다.

슬라이버 sliver
빗질 공정이 끝난 후의 굵은 로프(rope; 밧줄)와 같은 섬유 집합체
넵 nep
짧은 면 섬유가 작은 덩어리로 엉킨 것

(3) 면사의 종류

카드사(CARDED YARN) 카드사는 정소면을 거치지 않고 소면 공정까지만 작업한 후 연조, 조방 공정만 거쳐 완성된 실이다. 섬유의 배열이 불규칙하고 약간의 불순물도 포함되어 있다. 카드사는 코머사보다 섬유 길이가 짧고, 거칠고, 강도가 약하다. 표면에 잔털이 있어 부드럽고 투박한 신축을 느낄 수 있다. 란제리에서 미녀이니 슬꼬 등에 사용되는 면사는 20수 내외의 카드사가 대부분을 이루며, 이 밖에도 실내 장식용 커튼이나 침구류, 카펫류에도 많이 사용한다.

코머사(COMBED YARN) 코머사는 정소면 공정 후 연조, 조방, 정방 공정을 모두 거쳐 완성된 면사이다. 쉽게 설명하면 빗질을 더 많이 한 섬유라고 볼 수 있다. 섬유가 규칙적으로 배열되어 있고 불순물이 거의 제거된 상태라 표면이 매끄럽고 광택이 우수하다. 카드사보다 섬유 길이가 길고 실켓 가공을 거치지 않아도 카드사보다 광택이 좋다. 코머사는 고급 의류용 소재로 사용되며, 속옷용 소재로도 사용된다. 란제리 실무에서 원단을 CM40'S라고 표기한 경우 코머사40수로 편직된 소재라고 이해하면 된다.

(4) 면사의 굵기

섬유 제조업체에서 사용하는 면40수, 면60수는 면사의 굵기에 따른 표기법으로 영국식 번수(番手)를 의미한다. 번수는 실의 두께를 나타내는 말이다. 면 섬유 1파운드(453g)로 1타래(840야드)의 실을 뽑는다면 이는 면1수이고, 면 섬유 1파운드로 10타래(8400야드=768미터)의 실을 뽑는다면 이는 면10수이다. 무게가 같고 길이가 다르다고 하여 항중식(恒重式)이라고 한다. 번수의 숫자가 커질수록 실의 타래수가 많아지므로 실의 굵기는 얇아진다. 20수-40수-100수의 순으로 얇아진다.

(5) 면 섬유의 용도

면 섬유는 포근하고 촉감이 좋아 피부를 자극하지 않기 때문에 유아복이나 속옷, 고급 셔츠나 블라우스 등 다양한 의복 재료로 사용할 수 있다. 특히 란제리 소재로서 면은 매우 중요하다.

(6) 면 섬유의 관리

면 섬유는 직조 방식, 혼방, 염색, 가공 등에 따라 소재의 관리가 달라진다. 면 섬유는 알칼리와 물에 영향을 받지 않으므로 합성세제로 물세탁이 가능하다. 표백제도 염소계, 산소계 모두 사용 가능하며, 드라이클리닝 용제에도 영향을 받지 않는다. 내열성 역시 강해 높은 온도에서 다림질과 고온 세탁이 가능하다. 그러나 면 섬유를 발유, 발수 가공한 소재나 벨루어, 벨베틴, 코듀로이 등의 파일 직물류는 드라이클리닝하는 것이 안전하다. T/C(면 35%, 폴리에스터65%) 섬유일 경우, 세탁은 면 100% 제품과 동일하지만 다림질 온도는 폴리에스터 섬유에 맞춰야 한다. 염색된 면 직물일 경우, 탈색 혹은 다른 섬유로의 이염이 발생할 수 있으므로 고온 세탁이나 알칼리성 세제는 피하고 저온에서 중성세제로 단독 세탁해야 한다. 면 섬유로 생산된 브래지어나 팬티, 기능성 속옷은 밴드와 다른 부자재의 변형이 일어날 수 있으므로 저온에서 중성세제로 손 세탁하는 것이 안전하다. 백색 내의류(밴드나 부자재가 봉제가 없는 내의)는 땀에 의한 황변을 방지하기 위해 삶거나 고온 세탁이 가능하다.

Q. 다양한 면 원단 스와치를 찾아 붙여보자.

2) 마

마 섬유는 쌍떡잎 식물인 아마(리넨 Linen), 쐐기풀인 저마(라미 Ramie), 뽕나무과에 속하는 식물인 대마(햄프 Hemp), 피나무과 식물인 황마(주트 Jute) 등에서 뽑아낸 섬유로 면과 함께 대표적인 식물성 천연섬유이다. 100% 셀룰로오스로 이루어진 면에 비해 마는 80% 셀룰로오스와 불순물(펙틴 12%, 펜토산 8%)로 구성되어 있다. 기원전 10,000년 전의 아마포가 스위스에서 발견되었고, 이집트 벽화와 고대 유물을 통해 기원전 4000년 전부터 이집트에서 재배되어 사용되었음을 확인할 수 있어 인류 역사상 최초의 섬유로 추정된다. 아마는 마 섬유를 대표하며 표면의 광택이 좋은 것이 특징이다. 서양에서는 특히 겉옷의 재료로 널리 사용하고, 이 외에 커튼이나 식탁매트 등 인테리어 용도로도 많이 사용된다.

(1) 아마(Linen)의 특징

'플랙스(flax)'라는 식물로 만드는 아마는 이집트가 원산지이지만 벨기에, 프랑스, 아일랜드, 네덜란드 등에서 생산되는 아마가 품질이 좋다. 블라우스, 재킷, 커튼 등 다양한 섬유 재료로 사용되며, 마 섬유 중에서 가장 부드럽고 광택이 좋다. 신도는 1.5~2.3%로 낮은 편이다. 펙틴과 펜토산 같은 비셀룰로오스 성분으로 이루어져 있어 일광에 약하고, 표백제에도 약하다. 연소 시 종이 타는 냄새가 나고 불을 꺼도 불씨가 계속 남아 있다.

신도
늘어나는 정도

사진 **6-2**. 아마 · · · · · · · · · · · · · · 사진 **6-3**. 아마사

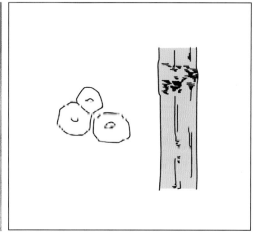

사진 **6-4**. 아마 원단　　　　　　　　　　　　　　그림 **6-2**. 아마 섬유 형태

(2) 저마(Ramie)의 특징

여러 종류의 마 섬유 중에서 속옷 용도로 적합한 저마는 수천 년 전 중국에서 많이 재배되어 사용하여 '중국 마'라고도 불린다. 우리나라에는 '모시'라고 알려져 있으며, 충남 한산의 세모시가 유명하다. 저마는 주로 내의나 여름 한복 소재로 많이 사용되며 고급 드레스 셔츠용으로도 적당하다. 두께가 불규칙하고 곳곳에 마디가 있어 촉감이 뻣뻣하다. 섬유 중앙에 중공이 타원형으로 형성되어 있어 물을 쉽게 빨아들여 흡수성과 흡습성이 좋다. 80%를 차지하는 셀룰로오스는 분자 중합도가 크고 배향이 잘 되어있지만, 20%를 차지하는 펙틴, 펜토산과 같은 비셀룰로오스로 인해 염색되는 속도가 면보다 느리다. 강도는 면의 2배 정도로 높으며 신도는 1.5~2.3%로 낮다. 마 섬유를 구성하고 있는 분자는 비결정 영역이 많아 분자들이 외부 압력에 쉽게 끊어지는데, 이로 인해 섬유의 탄성이 부족해져 구김이 많이 생긴다는 난점이 있다. 아마보다 습도에 강해 습도가 높은 지역의 의복 재료로 적당하며, 열전도율이 높아 여름 계절의 의복 재료로 많이 사용된다. 또한 해충이나 부패, 곰팡이에 강해 위생적인 속옷과 잠옷 소재로 사용하기 좋다.

사진 6-5. 저마   사진 6-6. 저마사

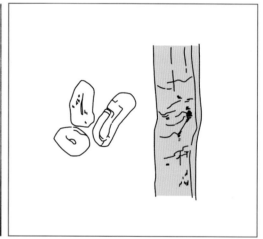

사진 6-7. 저마 원단   그림 6-3. 저마 섬유 형태

(3) 대마(Hemp)의 특징

대마의 원산지는 인디아, 페르시아 지역으로 알려져 있다. 우리나라에서 가장 오래
된 역사를 가진 섬유로, '삼'이라고 불린다. 대마의 잎은 대마초로 환각 작용을 일으
켜 정부의 허락 없이는 대마를 재배할 수 없다. 국내에서는 안동포(경북 안동에서 생산되
는 섬세한 삼베)와 돌실나이(전남 곡성에서 생산되는 삼베)가 유명하다. 옛부터 한복 옷감으
로 널리 사용되었으며, 수의나 상복으로는 현재까지 많이 사용되고 있다. 그러나 기
계 방적이 불가능하여 현대적인 옷감으로는 많이 사용되지 않는다.

사진 **6-8.** 대마

사진 **6-9.** 대마사

사진 **6-10.** 대마 원단

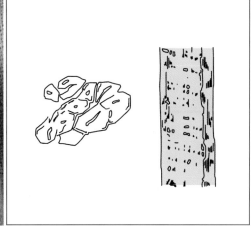

그림 **6-4.** 대마 섬유 형태

(4) 아마사의 빙직 과정

① 수확: 아마는 4~5월에 씨를 뿌려 7~8월에 수확하는 1년생 식물로, 뿌리째 수확
　한다.

② 아저: 뽑아낸 아마른 2~3일 동안 건조시킨다

③ 탈종: 종자(種子)삭을 제거하는 과정이다. 이렇게 얻어진 아마 줄기를 '생경'이라
　고 한다.

④ 제선: 아마의 목질부(木質部)를 파괴해서 방적할 수 있는 섬유의 상태로 만들어 주
　는 작업이다. 제선 과정에는 침지, 쇄경, 타마의 과정이 있다.

(5) 마사의 굵기

일반적으로 마사의 굵기는 면과 마찬가지로 항중식을 따른다. 100% 순마일 경우 1파운드(453g)의 마 섬유로 1타래(300야드)의 실을 뽑으면 이를 1lea 라고 표기하며, 2타래(600야드)의 실을 뽑을 경우 2lea로 표기한다. 레이온이나 면과 혼방일 경우에는 면과 같이 1수, 2수로 표기한다.

(6) 마 섬유의 용도

마 섬유는 의복 재료뿐만 아니라 속옷, 실내 장식 등의 재료로 적합하지만 구김이 많이 생기고 뻣뻣한 성질때문에 겨울용 의복 재료로는 적합하지 않다. 해충과 곰팡이에 강해 손수건, 식탁보, 행주 등에 적당한 소재이다. 또한 강도와 내수성이 좋아 소방용 호스나 범포 재료로도 사용된다.

범포(帆布)
배의 돛을 만들 때 쓰는 천

(7) 마 섬유의 관리

아마 섬유는 물을 잘 흡수하여 건조가 빠르고 세탁성이 좋다. 약알칼리성 세제를 사용하며, 산소계 표백제와 모든 드라이클리닝 용제에 강해 드라이클리닝과 물세탁이 모두 가능하지만, 물세탁 시 광택이 줄어들어 드라이클리닝을 하는 것이 좋다. 면, 레이온 섬유보다 일광에 약하기 때문에 반드시 그늘에서 건조시킨다. 마의 다림질 온도는 섬유 중 가장 높아 260℃까지 가능하다.

Q. 다양한 미 원단 스와치를 찾아 붙어보자.

3) 견 SILK

나방의 애벌레로부터 만들어지는 견은 기원전 2640년 중국 황제의 비 서릉이 뽕나무 아래에서 홍차를 마시다가 누에가 홍차에 빠져 실을 뽑아내는 것을 발견하면서 의복 재료로 사용되었다. 서릉의 노력으로 중국은 일찍이 양잠 산업이 발달했으며, 3000년 동안 세계를 상대로 실크무역을 독점하였다. 이후 한국, 일본, 인도 등으로 양잠 기술이 퍼져 나갔으며 6세기에는 페르시아로 전해지고, 16세기에는 스페인, 이탈리아, 프랑스에도 소개되었다. 국내 양잠 산업은 1970년대까지 세계 3위 생산국이었으나 최근에는 합성섬유의 출현과 중국과의 가격 경쟁에서 밀려 생산량이 감소하였다.

프로틴 protein
아미노산이 펩타이드 결합을 하여 만들어진 고분자 화합물

단백질(protein) 섬유인 견은 천연섬유 중에서 유일한 필라멘트 섬유이다. 누에가 뽑아낸 상태 그대로의 길이가 긴 견 섬유를 생사(raw silk)라고 한다. 누에가 먼저 피브로인(fibroin)을 토해내고 이후 세리신(serisin)이 분비되면서 피브로인을 감싼다. 겉을 감싸고 있는 세리신 때문에 생사의 표면이 거칠어지는데, 이 세리신은 비누나 묽은 알칼리 용액으로 가열하면 제거된다. 이를 '정견련'이라 하고, 피브로인만 남은 견사는 부드러운 촉감과 우아한 광택을 갖게 된다.

단백질은 아미노산으로 구성되어 있는데, 아미노산의 결합 방식을 펩타이드(peptide) 결합이라고 한다. 다수의 아미노산의 펩타이드 결합에 의한 중합체를 폴리

사진 6-11. 견 원단

그림 6-5. 견 섬유 형태

펩타이드(polypeptide)라고 하며 단백질과 같은 의미로 사용된다. 견을 구성하고 있는 폴리펩타이드 사슬은 규칙적인 직선으로 배열되어 있다. 탄성을 향상시키는 분자 간 수소 결합 역시 규칙적으로 배열되어 있어 구김이 잘 생기지 않는다.

(1) 견 섬유의 특징

견 섬유를 구성하고 있는 피브로인은 단백질 분자 간 결합이 수소 결합으로 연결되어 있다. 분자가 직선으로 뻗어 있고 분자사슬이 빽빽해 결정과 배향이 잘 되어 있어 강도가 강하다. 견 섬유는 천연섬유 중 가장 가는 섬유로 굵기가 1데니어 정도로 극세사이지만, 건조 시 무게 대비 가장 질긴 섬유이다. 결정 영역이 많이 분포하고 있어 구김이 덜하며, 탄성(resilience)이 좋다. 그러나 물에 젖으면 물속의 물 분자에 의해 단백질 간 결합이 끊어지므로 습윤 시 강도가 줄어든다. 따라서 물속에서 강도가 약해진 견을 비틀어 짜면 옷감이 미어지게 된다. 견의 표면을 구성하고 있는 세리신을 제거하면 드레이프(drape)성이 좋아져 우아한 실루엣이 만들어 진다. 또한 삼각 단면인 피브로인이 정반사를 유도하여 고급스러운 광택성을 보인다. 일광에 약하기 때문에 직사광선에 노출되면 광택과 강도가 약해진다. 보온성이 있어 언더웨어용으로 적합하나 땀의 염분에 의한 얼룩이나 황변이 잘 일어난다. 견은 처음에는 불이 잘 붙지 않는 난연성 섬유지만 불이 붙게 되면 녹는 듯이 잘 탄다. 불을 끄면 천천히 타다가 저절로 꺼지며 머리카락 타는 냄새가 난다. 모두 연소된 후에는 부드러운 재가 남는다.

(2) 견의 방적 과정

① 의잠: 누에 알에서 부화된 어린 누에를 의잠이라고 한다.

② 숙잠: 알에서 깬 누에는 20~30일이 지나면 성숙하여 익은누에가 되는데, 이를 숙잠이라고 하며 크기는 8cm정도이다. 숙잠이 되면 누에는 실을 뽑아내면서 고치를 만든다.

③ 누에고치: 누에는 고치 안에서 입술 아래 2개의 방사구를 통해 견 섬유를 1분에 20cm씩 2~3일 동안 뽑아낸다. 완성된 고치의 크기는 3cm이며, 약 1,500m의 필

사진 **6-12**. 누에고치

라멘트 섬유 두 올로 이루어져 있다.

④ 번데기: 누에는 고치 속에서 2일이 지나면 번데기가 되고, 10~20일이 지나면 나
방이 되어 고치를 뚫고 나온다. 견 섬유를 얻기 위해서는 나방이 나오기 전에 고
치를 물속에서 가열하여 번데기를 죽이고 견 섬유를 뽑아내야 한다.

(3) 견사의 굵기

실크의 무게를 현재에도 "몸메
(MM=Momme)"로 표기한다. 몸메
는 중국식으로 표기한 '돈'을 일
본식으로 표기한 '문'에서 유래
한 단어로, 과거 서양에서 실크
를 금(gold)과 같은 고급품으로
취급해 골드의 '돈(1돈=3.7g)' 개념
을 실크에 적용한 것이다.

견사의 굵기는 데니어(denier)를 사용한다. 데니어는 실 9,000m의 무게를 g으로 표시
하는 것으로, 9,000m의 실의 무게가 10g일 때 10데니어로 표시한다. 데니어의 숫자
가 클수록 실의 굵기가 굵어진다. 일반적으로 필라멘트사의 굵기는 모두 데니어로 표
시한다.

(4) 견 섬유의 용도

견은 '섬유의 꽃'이라고도 불리는 고급 소재이다. 우아한 광택과 부드러운 감촉을 가
진 견은 한복, 스카프, 고급 블라우스, 드레스, 넥타이 등의 소재로 적합하다. 과거에
는 고급 잠옷, 실내복, 슬립 등 속옷 재료로도 많이 사용되었으나 땀과 물세탁에 약
하고 가격이 비싸 최근에는 합성섬유로 대체되고 있다.

(5) 견 섬유의 관리

견은 물세탁 시 광택이 줄어들고, 합성세제 사용 시 손상을 입는다. 견의 광택과 촉감을 유지시키기 위해서는 드라이클리닝을 하는 것이 바람직하다. 땀에 의해 황변이 일어나고 섬유가 약해지므로 피부에 직접 닿지 않게 하는 것이 좋다. 흰색 견은 직사광선에 황변되므로 반드시 그늘에서 건조시켜야 한다. 또한 150℃ 이하의 온도에서 다림질해야 한다.

Q. 다양한 견 원단 스와치를 찾아 붙여보자.

4) 모 WOOL

양의 털을 깎아 얻는 섬유로 견과 함께 대표적인 동물성 섬유이다. 소과에 속하는 면양(Ovis aries)으로부터 얻어지는 모 섬유는 기원전 4000~3000년 경 이집트에서 밝힌 된 모직물이 가장 오래된 모 섬유로 추정된다. 약 만 년 전에는 양의 가죽을 먼저 사용했으며, 털을 깎아 실을 만들어 사용하게 된 것은 그로부터 한참 후에야 가능하였다. 면양은 기후가 따뜻한 지역에서 사육이 가능하여 유럽과 오스트레일리아(호주), 뉴질랜드 등에서 사육된다. 호주에서 많이 길러지는 메리노종의 메리노울은 최고의 품질을 자랑한다.

모 섬유는 사람의 머리카락을 구성하고 있는 케라틴(keratine)이라는 복합 단백질로 이루어져 있다. 섬유상 단백질인 케라틴은 폴리펩타이드 분자 사슬이 나선형으로 구성되어 있는데, 이는 스프링과 같은 역할을 하여 좋은 신축성을 갖게 한다. 또한, 폴리펩타이드의 사슬과 사슬 사이에 시스틴 결합과 조염 결합으로 구김이 잘 생기지 않는다. 스테이플 섬유로 단면은 원형에 가깝고 표피는 스케일(scale)로 덮여 있다. 스

사진 6-13. 면양

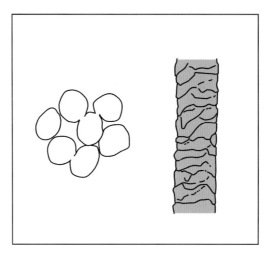

그림 **6-6.** 모 섬유 형태

케일은 모 섬유가 물과 세제에 젖었을 때 서로 얽혀 축융하게 만든다. 따라서 양모를 물과 세제로 더운 물에 세탁하면 수축이 일어난다. 양모 섬유는 섬유장이 길고 길이 방향으로 권축(굴곡, 크림프(crimp))이 발달되어 함기량이 높다.

(1) 모 섬유의 특징

모 섬유는 권축으로 인해 공기 함유량(함기성)이 많아 따뜻하고 가벼우며 열전도율이 낮다. 흡습성이 우수하여 습기를 잘 빨아들이기 때문에 다량의 수분이 섬유 내에 있어도 표면의 스케일은 축축하지 않고 쾌적함을 느끼게 한다. 또한 정전기가 일어나지 않으며 염색성이 좋다. 이러한 특징으로 과거 서구에서는 수영복, 양말, 메리야스 제작에 모 섬유를 많이 사용하였다. 양모는 분자 간 결합이 시스틴 결합과 조염 결합으로 이루어져 탄력성이 좋아 외부로부터 힘이 가해져도 구김이 잘 가지 않는다. 신도가 25~35%로 큰 반면 강도는 천연섬유 중에서 가장 약하다. 양모가 서로 마찰되면 표면의 스케일이 엉키는데, 이러한 성질을 축융성(felting)이라고 하며 물세탁 시 마찰에 의해 두꺼워지면서 수축하는 원인이 된다. 이를 방지하기 위해 약품으로 스케일을 녹이는 방축 가공을 하면 양모의 축융성을 방지할 수 있는데, 일명 '워셔블 가공(washable processing)'이라고 한다. 연소 시 머리카락 타는 냄새가 나며, 타고 나면 부드러운 재가 남는다. 흡습성이 커서 정전기에 의한 화재 발생이 적어 난연성 섬유로 분류한다.

(2) 모사의 방적 과정

① 전모: 양의 털을 깎는 과정이다.

② 선모: 양모 섬유를 부위별로 등급을 분류하는 공정이다. 부위, 섬유의 길이, 권축, 불순물의 정도에 따라 네 등급(fine, medium, coarse, carpet)으로 나눈다. 섬유 길이가 80mm 이상인 긴 섬유는 소모사로, 80mm 이하인 짧은 섬유는 방모사로 분류된다. 굵기가 가늘면 고급 의류용으로 사용된다.

플리스 fleece
한 마리의 면양에서 전모한 털을 부위별로 나누어 놓은 상태를 말한다.

③ 정련(coarse): 전모된 양의 털 안에 포함되어 있는 지방과 흙먼지 등의 불순물을 비누나 합성세제로 제거하는 과정이다.

④ 탄화(carbonizing): 정련 후에도 남아 있는 식물성 삽물을 세서하기 위해 황산에 담갔다가 건조하는 과정이다.

⑤ 카딩(carding): 탄화가 끝난 양모 섬유를 빗질하여 불순물을 제거하고 섬유를 평행하게 배열하여 하나의 슬라이버(silver)를 만들어 내는 과정이다.

⑥ 길링과 코밍(gilling & combing): 카딩 공정에서 얻어진 슬라이버를 합쳐 빗질해 하나의 슬라이버를 만드는 공정을 길링이라고 한다. 코밍은 길링 공정을 거친 슬라이버를 다시 한 번 더 빗실하는 공성이나.

⑦ 전방과 정방: 전방은 양모톱을 알맞은 가늘기의 실을 뽑는 과정이고, 성방은 뽑은 실을 10~20배 너 길게 뽑아 가늘게 하면서 꼬임을 주는 공정이다.

(3) 모사의 종류

방모사(WOOLEN YARN) 카딩 공정 후 길링과 코밍을 거치지 않고 전방과 정방 공정을 거친 실이다. 소모사에 비해 잔털이 많고 꼬임은 적어 부드럽고 따뜻한 촉감을 갖는다. 스웨터용 털실, 트위드 자켓용 실이 대표적이다.

소모사(WORSTED YARN) 길링과 코밍을 거친 가는 모 섬유에 꼬임을 준 실이다. 표면에 잔털이 없고 매끈하여 주로 정장용 의류에 많이 사용된다.

(4) 모사의 굵기

모사의 굵기는 무게 1kg의 실이 길이 50km일 때 50번수라 하는데, 이를 미터번수라 한다. 면사처럼 숫자가 클수록 실의 굵기가 가늘다.

(5) 모 섬유의 용도

모 섬유는 함기성을 가지고 있어 따뜻하고 부드러운 섬유이다. 특히 겨울용 옷감으로 이상적이며, 보온성이 좋아 내의용으로도 사용된다. 재킷, 팬츠, 스커트, 스웨터 등 겉옷용 옷감 외에도 카펫, 실내 장식용으로도 널리 사용된다.

(6) 모 섬유의 관리

모 섬유는 축융하는 섬유이므로 물세탁 시 옷감이 줄어들기 때문에 드라이클리닝을 해야 한다. 물과 합성세제에 축융하므로 물세탁 시에는 세탁기, 합성세제, 비누세제 사용을 금하고 중성세제로 미지근한 물에서 살짝 손세탁 해야 한다. 또한 건조기 사용 시 수축이 일어나므로 자연건조 해야 한다. 다른 섬유에 비해 오염이 적어 세탁은 한 계절에 한두 번이면 충분하다. 그러나 병충해에 약하므로 특히 여름철에는 습기가 많은 장소에 보관하지 않는 것이 좋다.

Q. 다양한 모 원단 스와치를 찾아 붙여보자.

인조섬유

자연에서 추출해 실을 만들어 낼 수 있는 천연섬유(면, 마, 모, 견) 외에 과학기술을 이용해 인공적으로 실을 만들어 낸 섬유를 인조섬유라 한다. 자연이 만든 중합체를 인공적인 방법으로 만들어 낼 수 있게 되면서 인조섬유가 탄생할 수 있었다. 인조섬유에는 석탄 또는 석유 잔여물을 원료로 히는 100% 합성섬유(폴리에스터, 폴리아미드, 폴리우레탄, 아크릴)와 나무에서 추출된 펄프나 면리터 등 천연 재료에 화학적, 기계적 조작을 가해 얻어지는 반합성섬유(재생섬유-레이온)가 있다.

1) 반합성섬유(재생섬유)

(1) 비스코스 레이온 VISCOS RAYON

천연섬유의 분자인 셀룰로오스를 나무에서 추출하여 종이가 아닌 섬유를 만들어 낸 것을 반합성섬유라고 한다. 나무의 셀룰로오스는 복잡하게 엉켜 있어 섬유 상태가 되지 못해 주로 종이를 만들어 사용했으나, 셀룰로오스를 녹이면 섬유 상태로 만들 수 있다는 사실을 발견하였다. 1891년 영국의 코톨즈(Courtaulds)사에서 셀룰로오스를 녹일 수 있는 용매제를 개발해 실을 뽑아낸 것이 반합성섬유인 비스코스 레이온이다. 레이온 섬유는 펄프를 녹이는 용매제 종류와 방법에 따라 비스코스, 아세테이트, 폴리노직, 모달, 리오셀 등 다양한 종류로 나뉜다.

① 비스코스 레이온 섬유의 특징

비스코스라는 용어는 액체의 점도를 나타내는 "비스코서티(Viscosity)"라는 단어에서 유래되었다. 비스코스는 가성소다와 이황화탄소로 셀룰로오스를 녹인 후 4~5일 숙성하여 만든 섬유 덩어리이다. 셀룰로오스를 녹이는 과정에서 발생하는 유독성 유기용제로 인한 공해가 사회적으로 문제가 되어 국내에서는 생산이 중단되었으며, 현재는 중국이나 개발도상국에서 비스코스 레이온 생산공장이 가동 중이다. 비스코스는 면과 같은 성분이지만 결정 영역이 적어 구김이 잘 가고 강도가 면보다 약하다. 흡습성이 높기 때문에 정전기가 많이 발생하지 않으나, 습윤 시 강도가 50% 이하로 저하되기 때문에 물세탁 시 비틀어 짜면 안 된다. 차가운 촉감을 가지고 있어 여름용 소재로 적합하다. 비스코스는 견 섬유와 같은 비스코스 필라멘트(filamcmt)로 실을 뽑을 수 있어 실크와 같은 촉감과 드레이프성을 갖는데, 이 때문에 '인조견(artificial)'이라 불리기도 한다. 100% 비스코스 레이온은 외관이 견과 비슷하지만 연소 시에는 면 섬유와 같이 종이 타는 냄새가 나며, 타고 나면 부드러운 재가 남는다.

② 비스코스 레이온의 굵기
비스코스 레이온의 굵기는 길이 450m의 실이 0.05g일 때 1데니어로 표시한다. 450m의 실이 5g일 경우 실의 굵기는 100데니어가 된다.

③ 비스코스 레이온의 용도
비스코스 레이온은 매끄럽고 광택이 좋아 의복 재료로 널리 사용되고 있다. 특히 블라우스, 원피스, 드레스, 레이스, 리본, 안감용 소재 등에 많이 사용된다. 나일론, 폴리에스테르, 아크릴 등과 혼방하여 사용하면 합성섬유의 결점을 보완할 수 있다.

④ 비스코스 레이온의 관리
비스코스 레이온은 습윤 시 강도가 반으로 줄기 때문에 물세탁 시 비틀어 짜거나 심하게 비비면 원단이 비어진다. 물세탁 시 중성세제를 사용하는 것이 바람직하며 일광에 의해 강도가 저하되므로 그늘에서 건조해야 한다. 열에 강하기 때문에 220℃의 높은 온도에서 다림질이 가능하다.

(2) 아세테이트 레이온 ACETATE RAYON
아세테이트 레이온은 펄프를 비스코스에 사용하는 것과 동일한 용매제에 녹이지만, 비스코스와는 다르게 셀룰로오스의 성질이 남지 않고 합성섬유처럼 변한다. 아세테이트는 1869년 슈첸베르거(Schutzenberger)에 의해 개발되었으나 상용화되지 못하고, 1921년 영국에서 '셀라니즈(Celanese)'라는 이름으로 처음 판매되었다. 또한 아세테이트는 제1차 세계대전 때 비행기 날개를 만드는 용도로 사용되었다. 아세테이트는 광택이 좋지만 강도가 매우 낮아 단일 직물로는 옷감으로 사용하기 어려워 나일론과 교직물로 직조해 주로 란제리, 블라우스 등의 재료로 사용되었다. 염색이 어렵고 일광 견뢰도가 낮아 최근에는 겉옷의 안감으로 많이 사용되고 있다.

(3) 모달 MODAL

강도가 약한 비스코스 레이온의 단점을 보완하여 모달(modal)이나 폴리노직(polynosic) 같은 레이온 섬유들이 개발되었다. 그러나 섬유 제작 과정에서 배출되는 이황화탄소가 공기오염의 주범이 된다는 문제로 인해 국내에서는 원진 레이온이 중국으로 이전하게 되었고, 일본의 폴리노직도 2003년 문을 닫고 역사 속으로 사라졌다. 이후 후발주자인 오스트리아의 렌징(Lenzing)사만이 공해 정화 시설을 미리 설치하고 모달 레이온을 생산하여 현재까지 시장을 독점하고 있다. 모달은 습윤 시 강도가 강하고 팽윤이 적어 물세탁에 강하고 촉감이 부드러워 고급 내의 소재로 사용된다. 모달과 폴리우레탄(polyurethane)을 혼방한 소재는 메리야스, 브래지어, 팬티용으로 인기가 많다. 실의 두께는 면처럼 번수로 표시한다.

그림 6-7. 모달 행택

(4) 리오셀 LYOCELL

리오셀은 레이온 섬유가 만들어지는 과정에서 발생하는 공해를 줄이는 것에 목적을 두고 개발된 섬유이다. 3세대 레이온이라 일컬어지는 리오셀은 '꿈의 섬유'라고 불린다. 1980년 영국의 코톨즈(Courtaulds)사에서 개발되어 1990년부터 '텐셀(Tencel)'이라는 제품명으로 판매되었다. 리오셀 제작 시 용매로 사용되는 산화아민은 독성이 적고 제조 과정에서 완전히 회수되어 재사용이 가능하기 때문에 산업 재해와 공해가 거의 없다. 리오셀은 습윤 시 강도 저하가 10%로 다른 레이온 섬유보다 습윤 강도가 향상된 섬유이다. 비스코스<모달<리오셀 순으로 강도가 높다. 섬유 내부에 피브릴이 잘 발달되어 있어 면처럼 촉감이 부드럽다.

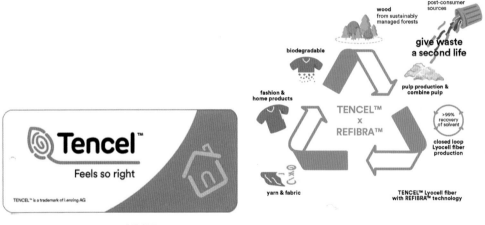

그림 6-8. 텐셀 행택

그림 6-9. 텐셀 제작 과정

사진 6-14. 리오셀 섬유

사진 6-15. 텐셀 모달 섬유

Q. 다양한 반합성섬유(재생섬유) 원단 스와치를 찾아 붙여보자.

2) 합성섬유

독일 화학자 슈타우딩거(Staudinger)는 실을 만들 수 있는 섬유의 구조를 연구한 결과, 1926년에 작은 분자들이 모여 긴 사슬의 선상 고분자로 구성되어 있다는 사실을 발견하였다. 이후 선상 고분자를 합성하려는 과학자들의 노력으로 만들어 낸 인조섬유를 합성섬유라고 한다. 앞서 설명했던 재생섬유는 자연에서 얻어지는 천연 중합체를 원료로 하지만, 합성섬유는 인공 고분자(polymer, 단량체)로부터 만들어진 합성 중합체를 원료로 하기 때문에 100% 화학섬유라 할 수 있다. 합성섬유에는 대표적으로 폴리아미드(polyamide), 폴리에스터(polyester), 아크릴(acrylic), 폴리우레탄(polyurethane) 등이 있다.

(1) 폴리아미드 POLYAMIDE

석탄과 물과 공기로 만들어진 인류 최초의 합성섬유 나일론(nylon)은 1935년 미국의 화학 회사 듀폰(Dupon)의 천재 화학사 캐러더스(Wallace Hume Carothers)에 의해 발명되었다. 천연섬유인 실크(견)를 대체하기 위한 노력으로 발명된 나일론은 아디프산(Adipic Acid)과 헥사메틸렌디아민(Hexamenthylenediamine) 2개의 분자를 중합하여 만든 하나의 고분자로 구성되어 있다. 아디프산과 헥사메틸렌디아민은 각각 산소, 질소, 수소, 탄소로 구성되어 있는데 두 분자에 각각 탄소가 6개씩 분포되어 있어 'Nylon66'이라고도 부른다. 실크를 구성하고 있는 단백질의 아미노산의 결합을 펩티드 혹은 아미드(amide)결합이라고 하는데, 나일론은 이 아미드가 결합하여 모인 고분자이므로 나일론의 정식 화학 명칭은 '폴리아미드(polyamide)'이다. 1939년 듀폰은 폴리아미드를 '나일론(nylon)'이라 이름 짓고, 여성용 나일론 스타킹을 만들어 1940년에 대중화시켰다. 국내에서는 1963년 한국 나일론이 설립되면서 국내 최초로 나일론 생산을 하게 되었다.

사진 **6-16**. 듀폰의 나일론

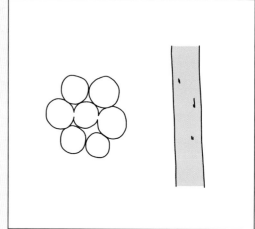

그림 **6-10**. 나일론 섬유 형태

① 폴리아미드 섬유의 특징

폴리아미드는 강도와 신도가 커 탄성이 좋고 구김이 잘 가지 않는 경량 섬유이다. 흡습성이 천연섬유에 비해서는 낮지만 합성섬유 중에서는 가장 높다. 일광에 약해 햇빛에 변색되기 쉽지만 병충해에 강하다. 폴리아미드 섬유는 정전기와 필링(보풀)에 취약하다. 대전방지 가공을 통해 정전기를 방지할 수 있으며, 강도가 강해 섬유 표면이 뭉쳐 떨어지지 않아 생기는 현상인 필링은 강도를 낮추는 가공을 통해 보완할 수 있다. 열에 약해 다림질 온도는 150℃ 이하여야 하지만, 열가소성이 우수하여 높지 않은 온도에서 주름 가공 혹은 형태를 안정시키는 가공이 쉽다. 폴리아미드 섬유는 연소 시 불 속에서 녹으면서 오그라들고 검은색 연기가 난다. 폴리에스터와 매우 비슷한 특징을 나타내기 때문에 화학약품에 용해하는 실험을 통해 각각의 섬유를 구별할 수 있다.

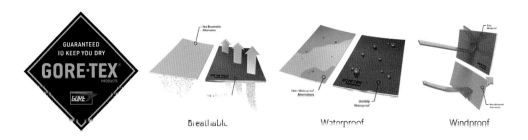

그림 6-11. 고어텍스 기능

② 폴리아미드사의 굵기

인조섬유인 폴리아미드는 견과 같은 필라멘트사이다. 필라멘트(filament)는 길이가 무한히 긴 실을 말하며, 폴리아미드사의 굵기는 데니어(denier)로 표기한다. 언더웨어에 사용되는 나일론은 주로 폴리우레탄(polyurethane)과 혼방하며, 굵기는 70데니어 또는 50데니어로 제직된 소재를 많이 사용한다.

③ 폴리아미드 섬유의 용도

폴리아미드는 강도와 신도가 커 양말이나 스타킹, 속옷 재료로 많이 사용된다. 탄성이 우수하여 구김이 잘 생기지 않는 가벼운 경량 섬유로 스포츠 의류나 수영복 소재로 적합하다. 마찰에 강하며 병충해나 곰팡이 피해를 받지 않는 섬유이기 때문에 실내 장식용 소재나 카펫에도 많이 사용된다.

④ 폴리아미드 섬유의 관리

폴리아미드 섬유는 열에 약하기 때문에 건조기 사용이나 30℃ 이상의 높은 온도에서 물세탁은 피해야 한다. 일광에도 약해 햇빛에 변색되므로 세탁 시 그늘에서 건조해야 한다. 나일론 섬유는 기름에 오염이 잘 되며, 한 번 오염된 기름때는 잘 빠지지 않는다. 폴리아미드 섬유는 염색성이 좋기 때문에 컬러가 있는 다른 섬유와 함께 세탁 시 이염될 수 있다.

Q. 다양한 폴리아미드(나일론) 원단 스와치를 찾아 붙여보자.

(2) 폴리에스터 POLYESTER

폴리에스터는 나일론을 발명한 미국의 화학자 캐러더스가 나일론 섬유보다 먼저 발명했지만, 당시에는 섬유로 상용화하기에 여러 가지 단점과 결함이 많아 상용화를 포기하였다. 1938년 나일론이 개발된 후, 1941년 영국의 윈필드(Whinfield)와 딕슨(Dickson)이 캐러더스가 해결하지 못한 단점을 보완하여 '테릴렌(Terylene)'이란 명칭으로 영국에서 판매를 시작하였다. 폴리머(polymer)란 고분자를 말하며, 고분자는 모노머(monomer: 단량체(單量體))가 수천 수백 개씩 결합하여 만들어진 것이다. 에스테르(ester)란 에틸렌글리콜(ethylene glycol)과 테레프탈산(terephthalic acid)이라는 유기산이 중합하여 만들어진 합성 고분자이다. 일반적으로 알코올과 산의 결합을 에스테르 반응이라고 하기 때문에 '폴리에스터'라는 화학명이 붙게 되었다. 새롭게 만들어진 에스테르는 '폴리에틸렌 테레프탈레이트(polyethylene terephthalate)'라는 물질이며 이를 줄여 PET라고 부른다.

① 폴리에스터 섬유의 특징

폴리에스터는 물을 싫어하는 소수성의 성질이 있어 흡습성이 낮아 정전기가 많이 발생하고 물세탁 시 때가 쉽게 제거되지 않는다. 이로 인해 수용성 염료에는 염색이 되지 않고, 고온 고압의 분산 염료로 염색해야 한다. 반면에 기름을 좋아하는 친유성의 성질을 함께 가지고 있어 기름때를 잘 빨아들이기 때문에 기름 성분에 오염되기 쉽다. 강도와 신도는 천연섬유에 비해 우수한 섬유이며, 물속에서의 강도와 신도 역시 크게 변화를 보이지 않는다. 폴리에스터 섬유는 2% 신장 후 탄성회복률이 97%로 우수하나 나일론보다는 약하다. 탄성이 좋아 주름 가공에 용이하며, 구김이 잘 생기지 않는다. 열가소성이 좋아 높은 온도에서 잘 견디며, 열에 의한 변색도 일어나지 않는다. 자외선에 장시간 직접 노출되면 강도가 약해지지만 자외선을 차단시키는 유리창으로 들어오는 직사광선에는 변색되거나 강도가 약해지지 않기 때문에, 직사광선을 피하면 황변이 잘 일어나지 않는다. 폴리에스터 섬유는 연소 시 녹으면서 오그라들고 검은색 연기가 나며, 모두 연소되고 나면 굳은 덩어리가 남는다. 폴리아미드 섬유와 매우 비슷한 특징을 나타내기 때문에 화학약품에 용해하는 실험을 통해 각각의 섬유를 구별할 수 있다.

그림 **6-12**. 폴리에스터 섬유 형태

② 폴리에스터사의 굵기

폴리에스터는 폴리아미드와 마찬가지로 필라멘트사이기 때문에 실의 굵기를 데니어로 표시한다. 항장식(恒長式)을 사용하여 9,000m의 필라멘트가 1g일 때 1데니어라고 표시할 수 있다. 10데니어의 폴리에스터는 9,000m의 필라멘트가 10g의 무게일 때를 말한다. 보통의 폴리에스터는 〈75d-72f〉로 표기된 원사를 많이 사용하는데, 이는 필라멘트 72가닥을 모아 75데니어가 된 원단을 의미한다.

③ 폴리에스터 섬유의 용도

탄성이 좋아 이불 솜이나 겨울용 옷의 충전재로 적합하다. 또한 흡습성이 낮아 정전기가 많이 발생하고 몸의 땀이나 습기를 배출하지 못해 불쾌감을 줄 수 있는 섬유이지만 특수 가공(흡한속건, 방수, 발수가공 등)이나 혼방과 같은 방법을 통해 의류용으로 사용이 가능하다. 구김이 적고 강도가 높으며 세탁 후 건조도 빨라 나일론보다 의복 재료로 널리 사용되며 면, 양모, 마 섬유 등과 혼방하여 여성복, 남성복, 아동복 등에 널리 사용된다. 혼방 시 폴리에스터의 단점과 천연섬유의 단점이 서로 상호 보완되는 장점이 있다. 폴리에스터와 폴리우레탄(스판덱스)을 혼방한 폴리스판 원사는 속옷용이나 스포츠 기능성 웨어에 적합하다. 또한 일광에 강하고 황변이 없어 커튼용으로도 적합하다.

그림 **6-13.** 쿨맥스 기능성 로고와 행택

그림 **6-14.** 에어로쿨 기능성 로고와 행택

④ 폴리에스터 섬유의 관리

폴리에스터는 물세탁과 표백제에 아무런 변형이 일어나지 않아 물세탁이 가능하다. 기름과 친해 드라이클리닝 용제에도 안전하지만, 같은 이유로 기름때가 잘 빠지지 않기 때문에 기름 오염 시 바로 세탁해야 한다. 열가소성이 좋아 높은 온도에서 세탁 시 구김이 갈 수 있으므로 30℃ 이하의 온도에서 세탁해야 하며, 건조기도 사용하지 않는 것이 좋다. 다림질 온도는 합성섬유 중에서 가장 높지만, 적정 다림질 온도는 150℃ 이하이다.

Q. 다양한 폴리에스터 원단 스와치를 찾아 붙여보자.

(3) 폴리우레탄 POLYURETHANE

폴리우레탄은 일명 '스판덱스(Spandex)'라고 불리는 탄성(고무) 섬유이다. 알코올기 (OH)와 아이소사이안산기(NCO)의 결합으로 중합하여 만들어진 우레탄을 다시 합성하여 만든 섬유이다. 1937년 제2차 세계대전 중인 독일에서 처음으로 페를론 U(Perlon U)를 개발하였으나 여러 가지 결함으로 인해 시판하지 못했다. 이후 1958년 미국 듀폰에서 '라이크라(Lycra)'라는 제품명의 폴리우레탄(스판덱스)을 개발하여 생산, 판매하기 시작하였다. 스판덱스는 천연 고무의 단점을 보완하고 대량으로 고무사를 생산하기 위해 개발된 합성섬유이다. 스판덱스가 개발된 1958년 이후에는 코르셋, 브래지어 등 기능성 란제리에 천연 고무 대신 폴리우레탄 섬유를 혼방하였다. 1974년에는 수영복 재료로 사용되면서 스포츠 레저를 위한 기능성 의복에 널리 사용되었으며, 1993년 이후에는 일상복, 신발, 가죽에도 혼방하여 사용되었다. 국내에는 효성에서 생산하는 '크레오라(Creora)'가 대표적인 폴리우레탄 섬유이다.

그림 **6-15.** 라이크라 로고와 행택

그림 **6-16.** 크레오라 로고와 행택

① 폴리우레탄 섬유의 특징

폴리우레탄 섬유는 신도가 500~800%로 가장 신축성이 좋으며, 길이를 50% 늘렸을 때 90% 이상 원래 상태로 돌아오는 탄성이 우수한 섬유이다. 천연 고무와 비교했을 때 내일광성과 마찰, 강도가 더 좋으며, 실의 굵기를 더욱 가늘게 만들 수 있고, 열에 강하다. 천연 고무는 염색이 되지 않지만 폴리우레탄은 산성이나 분산 염료로 염색이 가능하다. 폴리우레탄 섬유는 단독으로 사용하기보다는 다른 섬유와 혼방하는 것이 일반적이다. 다른 섬유와 혼방 시 아웃웨어 직물에는 약 2%, 란제리나 속옷은 8~12%, 수영복이나 스포츠 웨어 및 스포츠 란제리는 20% 내외로 혼방하여 사용된다. 폴리우레탄은 적은 양으로도 높은 탄성을 보이는 것이 특징이다. 폴리우레탄의 가격은 높지만 적은 양을 혼방하므로 제품 원가에는 큰 영향을 미치지 않는다. 폴리우레탄은 색이 투명하여 비치는 스타킹 같은 의복 재료로도 적당하다.

② 폴리우레탄 섬유의 혼방

폴리우레탄은 단독으로 사용되지 않고 다른 섬유와 혼방하여 사용한다. 혼방 시 혼방 방법에 따라 신축의 정도가 달라지므로 사용될 의복의 종류에 따라 혼방 방법을 달리해야 한다. 폴리우레탄이 혼방된 실을 일반적으로 탄성사(elastic yarn)라고 부른다. 탄성사의 종류에는 더블 커버링 탄성사, 코아 방적 탄성사, 에어 커버링 탄성사, 코아 트위스팅 탄성사 등이 대표적이다.

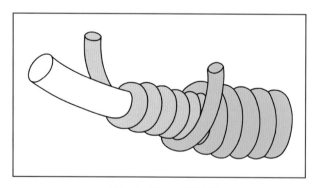

그림 6-17. 더블 커버링 탄성사

더블 커버링 탄성사 직물, 편성물, 스타킹, 양말 등에 많이 사용되는 대표적인 혼방 방법이다. 폴리우레탄 섬유를 다른 필라멘트 원사의 안쪽과 바깥쪽 모두에서 돌려가며 혼방하는 방식이며, 신도는 약 300%로 매우 높다.

코아 방적 탄성사 폴리우레탄 심유를 중심으로 면, 마, 모 등의 스데이플사를 주변에서 감싸 꼬아서 혼방하는 방식이다. 신도는 50~150% 정도이다.

③ 폴리우레탄 섬유의 용도

폴리우레탄 섬유는 코르셋에 신축성을 부여하기 위해 개발된 대표적 섬유이므로, 란제리는 물론 스타킹, 양말, 스포츠 의류, 수영복 등 신축성이 필요한 각종 기능성 의류에 사용된다. 혼방과 방적하는 방법에 따라 다양한 아웃웨어 직물로도 사용이 가능하다.

④ 폴리우레탄 섬유의 관리

폴리우레탄 섬유는 물세탁이 가능하고 모든 드라이클리닝 용제에도 안전하다. 다림질 온도는 150℃ 이하가 적절하며, 수영장의 염소에는 잘 견디지만 염소계 표백제에는 변형이 일어난다.

Q. 다양한 폴리우레탄 원단 스와치를 찾아 붙이고 탄성력을 비교해보자.

(4) 아크릴 ACRYLIC

아크릴 섬유는 1942년 생산되어, 미국의 듀폰과 독일의 이게(I.G.)에서 거의 동시에 개발되었으며, 듀폰에서 '올론(Orlon)'이라는 상품명으로 판매되기 시작하였다. 다른 합성섬유는 견(silk)을 대체하기 위해 개발되었지만 아크릴은 양모(wool)를 대체하기 위해 개발된 합성섬유이다. 따라서 아크릴은 합성섬유 중에서 유일하게 필라멘트사가 아닌 스테이플사로 방적하여 솔 내봉으로 사용 가능하다. 아크릴은 아크릴로니트릴을 중합하여 만들어진 폴리아크릴로니트릴로 구성된 비닐계 합성섬유이다. 비닐계 고분자는 PVC나 PVA가 유명하며 아크릴 섬유 역시 비닐기($CH_2 = CH-$)를 가진 섬유이다. 국내에서는 1967년 말부터 아크릴 섬유가 생산되었으며, (주)한일합섬에서 '한일론(Hanilon)', 태광산업에서 '에이스란(Acelan)'의 제품명으로 생산되었으나, 1998년 아크릴의 수요가 급감하여 생산을 중단하였다. 현재 국내에서 생산되는 아크릴 원단은 원사를 대부분 중국에서 수입하고 있다. 양모 대용으로 개발된 섬유이므로 스웨터, 머플러, 겨울용 내의 등에 널리 사용된다. 최근 내의 업계에서는 기능이 추가된 기능성 아크릴 섬유와 원사를 개발하여 발열 내의와 겨울용 삼옷에 널리 사용하고 있다.

그림 **6-18**. 아크릴 섬유 형태

① 아크릴 섬유의 특징

아크릴 섬유는 스테이플사로 방적되고 실에 권축을 주어 양모와 같은 터치감을 가지지만 양모보다 가볍다. 울과 같은 성질이 있어 탄성회복률이 좋아 구김이 잘 가지 않고 세탁 후 빨리 건조된다. 모든 방적사는 필링(pilling, 보풀)이 일어나는 특징을 갖는다. 천연 양모는 강도가 약해 필링을 형성하기 전에 실 뭉치가 자연적으로 떨어져 없어지는 데 반해, 아크릴은 강도가 강해 실 뭉치가 쉽게 떨어져 나가지 않고 옷 표면에 달라붙어 필링을 형성한다. 하지만 이는 양모와의 혼방을 통해 해결할 수 있다. 아크릴 섬유는 염색성이 좋지 않고 제품에 따라 염색성이 다르다. 또한 불이 쉽게 잘 붙는 가연성 섬유이며, 불 속에 넣으면 녹으면서 오그라든다. 아크릴 섬유는 연소 시 일산화탄소(CO), 시안화수소(HCN) 등의 유독가스를 발생시키므로 카펫, 커튼과 같은 실내 장식용으로 사용하기 위해서는 반드시 방염 가공이 필요하다.

② 아크릴 섬유의 용도

양모 대용으로 개발된 아크릴 섬유는 특히 편성물 소재의 의류에 많이 사용되며 스웨터, 겨울 내의, 모포 등에 사용된다. 이 외에도 카펫, 의자커버, 커튼으로도 많이 사용되나 화재 시 위험성이 있어 방염 가공 처리 후 사용하는 것이 안전하다.

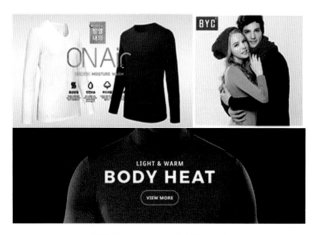

사진 6-17. BYC 바디히트 원단 제품

③ 아크릴 섬유의 관리

아크릴 섬유는 물세탁이 가능한 워시 앤 웨어(wash&wear)의 특징이 있다. 강도가 강해 합성세제로 세탁기 세탁이 가능하고, 모든 표백제와 드라이클리닝 용제에도 안전하다.

Q. 다양한 아크릴 원단 스와치를 찾아 붙여보자.

실

실(yarn)은 천연섬유나 합성섬유를 나란히 배열하거나 꼬임을 주어 만드는데, 이를 방적 혹은 제사라고 한다. 실은 옷감으로 사용할 원단을 만드는 기본 재료이다. 섬유를 실로 만들기 위해서는 섬유 꼬임을 가지게 되는데 대표적으로 우연은 S꼬임, 좌연은 Z꼬임이라고 한다. 실의 꼬임과 굵기에 따라 또는 장식성 여부에 따라 실의 종류와 용도가 달라진다.

소재

소재(fabric)는 천연섬유 또는 인공섬유로 실을 방적하여 옷감으로 사용하기 적합하도록 만들어진 것을 의미한다. 옷감을 짜는 방식은 직물과 편성물, 크게 둘로 나눌 수 있다. 직물(woven)은 실을 직각으로 교차하여 제직한 것으로, 짜인 조직에 따라 크게 평직, 능직, 수자직으로 나뉘어진다. 이 외에도 도비직, 문직, 파일직 등이 있다. 편성물(knit)은 실을 한 올 혹은 여러 개의 올을 사용해 고리를 만든 후 그 고리에 고리를 걸어 코를 형성하여 편직한 소재이다. 편성품은 직조 방식에 따라 크게 위편성물과 경편성물로 나눌 수 있다. 언더웨어 소재로는 직물과 편성물을 모두 사용할 수 있으나 직물보다는 신축성을 가진 편성물을 더 많이 사용하고 있다.

1) 직물 WOVEN

직물은 세로축에 걸려있는 경사(wrap yarn)에 가로축으로 위사(filling yarn)를 일정한 규칙에 따라 교차시켜 제직하여 얻는 원단(fabric)이다. 직물은 위사와 경사가 직각으로 교차 제직되어 편성물보다 강하고 단단하며 신축성이 없다. 폴리우레탄 혼방사를 사용할 경우 신축성을 부여할 수 있다. 직조 방식에 따라 크게 평직, 능직, 수자직으로 나뉘며 이를 '삼원조직'이라 한다. 그 외의 많은 직물들은 이 삼원조직을 기본으로 변형하거나 응용해서 직조한다.

(1) 평직 PLAIN WEAVE

경사와 위사가 1:1로 교차되어 직조하는 방식의 직물로, 조직점이 많아 올이 덜 풀리고 강도가 강하다. 표면이 매끄럽고 평평하여 날염 작업에 적합하다. 그러나 1:1로 교차되어 조직점 사이에 공간이 좁아 구김이 많이 간다. 실의 컬러를 바꾸면 스트라이프나 체크 원단을 직조할 수 있으며, 얇은 거즈나 쉬폰(chiffon), 깅엄(gingham)체크, 샴브레이(chambray) 등이 평직에 속하는 직물이다. 이 밖에도 2:2로 교차되어 직조하는 바스켓 조직, 위사에 경사보다 두꺼운 실을 교차시켜 직조하는 두둑직이 있다.

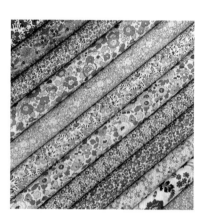

사진 6-18. 리버티(liberty) 원단

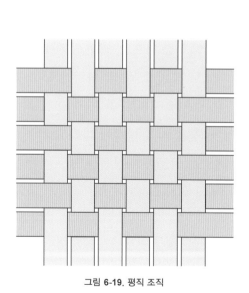

그림 6-19. 평직 조직

사진 6-19. 체크 원단

Q. 다양한 평직 원단 스와치를 찾아 붙여보자.

(2) 능직 TWILL WEAVE

경사와 위사가 2:1로 교차되어 직조하는 방식의 직물로 조직점이 대각선으로 연결
되어 나타난다. 이 선을 '능선' 혹은 '사문선'이라고 한다. 능직물은 평직에 비해 조
직점이 적어 밀도를 낮게 제직할 경우 평직보다 내구성이 약해진다. 개버딘, 데님,
서지 등 다양한 원단들이 능직에 속한다. 이 외에 변화 능직으로는 헤링본으로 대표
되는 파능직이 있다. 조직 특성상 두께감과 터치감 때문에 란제리보다는 겉옷에 많
이 사용된다.

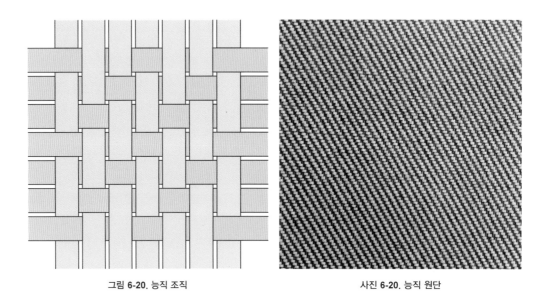

그림 6-20. 능직 조직   사진 6-20. 능직 원단

Q. 다양한 능직 원단 스와치를 찾아 붙여보자.

(3) 수자직 SATIN WEAVE

수자직은 주자직이라고도 불리며, 경사와 위사가 1:4 혹은 그 이상으로 교차되어 직조하는 방식의 직물로 조직점이 적어 유연하다. 조직점이 분산되어 있거나 보이지 않아, 광택사로 제직하면 표면이 매끄러워 더욱 화려한 외관을 갖는다. 그러나 조직점이 적어 밀도가 약해 마찰에 쉽게 뜯기는 단점이 있다. 주로 실크나 레이온, 폴리에스테르, 나일론(폴리아미드) 등 필라멘트사로 제직되는 것이 일반적이다. 고급 블라우스나 여성용 란제리에 많이 사용된다.

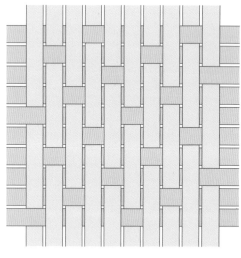

그림 6-21. 위수자직

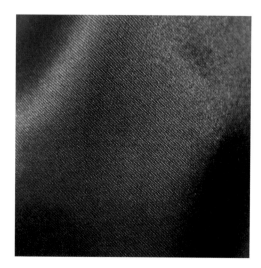

사진 6-21. 수자직 원단

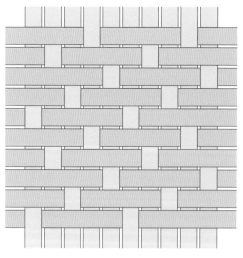

그림 6-22. 경수자직

사진 6-22. 수자직 실크 원단

Q. 다양한 수사식 원난 스와치를 찾아 붙여보사.

(4) 도비직 DOBBY WEAVE

간단한 기하학적 문양을 직물에 표현하기 위해서는 도비(dobby)라는 장치를 직기에
연결하여 직조해야 한다. 도비를 통해 문양이 만들어진 원단을 도비직이라고 한다.
피케(pique), 버즈아이(bird's eye), 와플 크로스, 크레이프직 등이 이에 속한다.

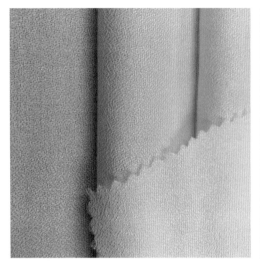

사진 **6-23**. 크레이프직 원단

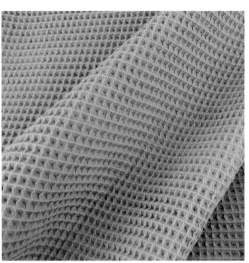

사진 **6-24**. 와플직 원단

Q. 다양한 도비직 원단 스와치를 찾아 붙여보자.

(5) 자카드직 JACQUARD WEAVE

도비직기로 만들기 어려운 곡선 혹은 정교한 무늬를 얻고 싶을 때는 자카드 직기로 제직한다. 1801년 프랑스인 자카드(J. M. Jacquard)가 발명하였으며 브로케이드(brocade), 다마스크(damask)가 대표적이다.

사진 **6-25**. 자카드 조직 원단

사진 **6-26**. 자카드 조직 원단

Q. 다양한 자카드 원단 스와치를 찾아 붙여보자.

(6) 파일 직물 PILE WEAVE

짧은 섬유가 바닥천에 심어져 있는 형태의 직물로 첨모(添毛) 직물이라고도 불린다. 바닥천을 짜기 위한 바닥경사(ground warp)와 바닥위사(ground filling), 파일을 만들기 위한 파일사(pile yarn) 총 3가지 실로 직조된다. 파일로 나온 실의 단면을 잘라내면 '컷파일 직물', 잘라내지 않으면 '루프파일 직물'이라고 한다. 컷파일 직물에는 벨벳, 벨루어, 코듀로이(골덴) 등이 있으며, 루프파일 직물에는 테리, 벨루어, 타월 등이 대표적이다.

사진 **6-27**. 벨벳 원단

그림 **6-23**. 루프파일 조직

그림 **6-24**. 컷파일 조직

Q. 다양한 파일 원단 스와치를 찾아 붙여보자.

2) 편성물 KNIT

실 한 가닥 혹은 여러 가닥의 올로 고리를 만들고 그 고리에 고리를 걸어 코를 형성하여 편직한 것을 편성물(knit)이라고 한다. 실이 루프 상태로 연결되며 가로 방향을 코스(course), 세로 방향을 웨일(wale)이라고 한다. 실이 교차되어 제직되는 직물과 달리 편성물은 가로세로 방향 모두에서 실을 분리할 수 없으며, 직물보다 생산 속도가 4배 가량 빠르다. 코를 만들면서 편직되는 특성 때문에 신축성이 있는 것이 특징이며, 신축성이 있기 때문에 유연하고 구김이 덜 간다. 고리로 연결되어 편직된 형태로 함기량이 풍부하지만 고리 하나가 풀리면 다른 고리도 계속 풀려 올이 나가는 현상(run)이 발생한다. 단, 경편성물과 양면 편성물은 올이 나가는 현상이 일어나지 않는다. 가장자리가 말리는 컬업(curl-up)현상이 있어 재단과 봉제가 어려운 이유가 되기도 한다. 편성물의 밀도는 가로세로 인치당 웨일 수와 코스 수로 표기하는데, 예를 들어 웨일 수가 32개이고 코스 수가 44개인 경우 편물의 밀도는 32×44로 표시한다. 게이지(gauge)는 니들바(needlebar) 1인치 안에 있는 니들(needle) 수를 의미하는데, 니들이 많을수록 게이지가 높은 것이며, 게이지가 높을수록 편성물은 더 얇아진다. 저지는 중세시대 양모를 편직하여 교역하던 영국 최남단의 저지 섬(Jersey island)에서 유래한 섬유 용어로, 편성물을 통칭하는 말이다. 편성물은 편직 방법에 따라 크게 위편성물과 경편성물로 나뉜다. 위편성물은 매일 가볍게 착용하는 아웃웨어는 물론 속옷(메리야스, 브래지어, 팬티, 내의, 양말, 스타킹)을 만들 수 있는 소재로 사용하기 좋으며, 경편성물은 기능성 란제리, 기능성 스포츠 란제리 및 스포츠 웨어, 아웃도어 웨어 등의 소재로 적합하다.

사진 **6-28**. 횡편기

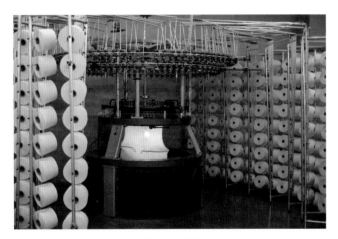

사진 **6-29**. 환편기

사진 **6-30**. 수편기

(1) 위편성물 FILLING KNIT

위편성물은 대바늘로 짜는 핸드메이드 편성물(수편물)을 기계화한 것이며, 크게 세 가지 기계(횡편기, 환편기, 수편기)로 나뉜다. 횡편기(flatbed knitting machine)는 가로폭으로 바늘이 배열되어 있고, 바늘을 따라 실이 좌우로 움직이면서 코를 만들어 편직된다. 주로 폴리스판, 나일론스판 등 화학섬유를 니트 방식으로 편직할 때 사용된다. 환편기(circular knitting machine)는 원형으로 바늘이 배열되어 있어 실이 나선형으로 움직이면서 코를 만들어 편직된다. 편직이 끝나면 원통형으로 원단이 완성된다. 주로 면싱글 니트나 면스판 니트 편직 시 사용되며, 환편기의 종류에 따라 양말, 심리스 원단, 티셔츠, 레깅스 등 다양한 사이즈와 조직을 편직할 수 있다. 수편기(hand knitting)는 손으로 작업하던 스웨터, 모자 등을 편직할 수 있는 기계이다. 수편기는 코와 코의 결합, 추가, 이동을 자유롭게 하여 다양한 표현이 가능한 니트 편직기이다.

평편(PLAIN KNIT) 가장 기본이 되는 편성물 조직으로 일명 '저지(jersey)'라고도 부른다. 업계에서는 일반적으로 평편을 저지라고 부르지만, 앞서 설명했듯이 저지는 모든 니트 조직을 통칭하는 말이다. 앞면에는 대바늘 뜨기의 겉뜨기(knit stich)만, 안쪽 면에는 안뜨기(purl stich)만 나타나는 단면 니트(싱글 니트 single knit)를 일컫는다. 단면 니트는 가로 방향의 신축성이 만들어진다. 다른 니트 조직보다 잘 늘어지고, 면 섬유일 경우 최초 세탁 시 세로 방향으로 약 3~5% 수축이 일어나며, 재단 시 끝부분의 말림(kurl up)과 올풀림(run) 현상이 많이 발생한다. 면 제품을 제작할 때는 수축률을 고려하여 재단 시 패턴에 여유를 주거나 재단 전 워싱 가공으로 수축을 방지하는 방법이 있다.

사진 **6-31**. 평편 앞면　　　　　　　　　　　　　사진 **6-32**. 평편 뒷면

Q. 섬유 확대경으로 본 평편의 앞면과 뒷면을 그려보자.

펄편(PURL KNIT)　앞뒤의 구분이 없는 편성물로 안뜨기와 겉뜨기가 한 줄씩 번갈아 나타나는 편성물을 일컫는다.

사진 **6-33**. 펄편

Q. 섬유 확대경으로 본 펄편의 앞면과 뒷면을 그려보자.

고무편(RIB KNIT) 세로로 겉뜨기와 안뜨기가 1×1, 1×2, 2×2 등 여러 가지 조합으로 교차되면서 나타나는 편성물을 말한다. 컬업 현상이 없고 코스 방향으로 신축성이 우수하여 스웨터 목단, 소매단, 장갑 손목, 스웨터 아랫단을 짤 때 주로 사용되는 편성 기법이다.

사진 **6-34**. 고무편

사진 **6-35**. 립(Rib)

Q. 섬유 확대경으로 본 고무편의 앞면과 뒷면을 그려보자.

양면편(INTERLOCK)　양면 니트 조직으로 겉뜨기와 안뜨기가 서로 맞물리면서 편직되는 편성물이다. 이중직이므로 앞뒷면이 같은 조직 모양을 갖는다. 올풀림 및 컬업 현상이 적다. 브래지어에 사용되는 스펀지 몰드컵 앞뒷면에 붙이는 원단으로 인터록 편직이 많이 사용된다.

사진 **6-36**. 인터록

Q. 섬유 확대경으로 본 양면편의 앞면과 뒷면을 그려보자.

Q. 다양한 위편성물 원단 스와치를 찾아 붙여보자.

(2) 경편성물 WARP KNIT

경편기는 1775년 영국의 크레인(Crane)에 의해 발명된 트리코 기계(tricot-machine)에서 시작되었다. 날실(경사) 방향으로 많은 코를 만들어 지그재그로 얽어서 편직하는 방법이다. 경편성물은 위편성물보다 탄성이 강하고 가볍다. 경편기에서 편직된 원단은 양방향(two-way) 신축이 가능하다. 경편기에서는 방적사로는 편직이 어려우며, 필라멘트사로만 편직 가능하다. 파워가 좋고 탄성력이 강한 기능성 속옷 재료로 많이 사용되며, 위편성물에 비해 중량감이 가볍고 탄성이 우수하다. 컬업 현상은 있을 수 있으나 전선 현상(올풀림)은 잘 일어나지 않는다.

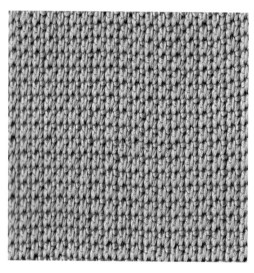

사진 6-37. 경편 조직(트리코)

사진 6-38. 경편 조직(라셀)

트리코(TRICOT-WARP KNIT) 거의 모든 경편성물은 일반적으로 트리코라 불린다. 프랑스어로 '짜다, 뜨다, 뜨개질하다'라는 의미의 "트리코터(tricoter)"에서 유래되었다. 트리코로 편성된 소재는 주로 기능성 란제리, 수영복, 운동복, 슬립웨어용으로 많이 사용되며, 나일론으로 편직된 트리코는 가벼운 중량감과 우수한 강도와 내구성을 갖는다. 특히 사방스판(two-way)으로 신축성이 좋고, 컬업 현상이 없으며, 올이 풀리지 않는다. 편직 시 높은 원단 밀도와 높은 장력을 가지게 되므로, 높은 장력에 실이 쉽게 끊어지는 방적사(면, 모)가 아닌 필라멘트사로 방적되는 나일론이나 폴리에스터를 사용해야만 한다. 외관이 화려한 트리코 소재 종류에는 브러쉬드(brushed) 트리코(벨벳느낌의 기모 트리코), 광택을 높인 새틴(satin) 트리코, 육각형의 네트 트리코(튤(tulle)) 등이 있다. 원단 끝단 약 2~3cm 정도의 두께에 올 풀림이 없어 컷팅 원단으로 사용할 수 있는 헴 라인(hem line) 원단 역시 이에 속한다.

사진 **6-39**. 트리코 조직

사진 **6-40**. 트리코 새틴

사진 **6-41**. 트리코 튤

사진 **6-42**. 헴

라셀(RASCHEL-WARP KNIT) 라셀 경편기는 1~2개의 바늘침상을 가지고 있으며, 바늘침상은 래치니들이 장착된 약 78개의 수직 가이드바로 구성되어 있다. 트리코에 비해 다양한 패브릭을 편직할 수 있는데 거미줄과 같이 얇은 망 조직부터 두꺼운 카펫까지 가능하며, 다양한 크기의 구멍을 편직할 수 있다. 라셀 경편기에서는 대표적으로 기능성 재료인 파워네트(power net), 레이스(lace) 등을 편직할 수 있다.

사진 **6-43**. 두꺼운 PN

사진 **6-44**. 얇은 PN

Q. 다양한 경편 원단 스와치를 찾아 붙여보자.

레이스(LACE) 레이스는 실을 고리 모양으로 만들거나 엮기, 꼬기, 매듭 등의 방법으로 무늬를 나타내는 옷감을 일컫는 말로서 라틴어 "Lacium"에서 유래되었다. 최초의 레이스는 그물이나 망(net)을 만들기 위해 시작되었다. 3세기경 콥트인의 분묘에서 발견된 보빈 레이스는 중세 13세기경 유럽에서 발달되었으며, 이탈리아 제노바의 여자 수도원에서 생산되어 교회 안에서 많이 사용되었다고 전해진다. 같은 시기 벨기에, 북이탈리아 등지에서도 보빈 레이스가 만들어졌으며, 17세기에는 벨기에 앤트워프 인구의 약 50%가 레이스 제작에 참여하였다.

레이스의 종류

- 보빈 레이스: 보빈에 감은 4가닥의 실을 비틀거나 교차시키며 얽어 만든 수공예 레이스이다.

- 니들포인트 레이스: 유럽에서 시작된 레이스는 16세기 이탈리아 베네치아와 벨기에 앤트워프 지역에서 니들포인트(needle point) 레이스가 발달하였다. 보빈을 사용하지 않고 바늘에 실을 걸어 고리를 만들고 엮어 무늬를 만드는 수공예 레이스이다. 무늬가 섬세하고 뾰족한 가장자리 장식을 표현해 내어 귀족 의상의 러프칼라 혹은 소매 장식에 많이 사용되었다.

- 토션 레이스: 프랑스어로 '행주, 걸레'라는 뜻의 "토르송(torchon)"에서 유래된 레이스이다. 보빈 레이스와 같은 기법으로 만들어지며, 주로 두꺼운 면사 혹은 린넨사를 사용하며 심플한 무늬를 만들어 내는 수공예 레이스이다. 언제부터인지 기

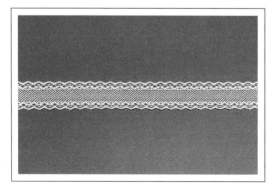

사진 6-45. 토션 레이스

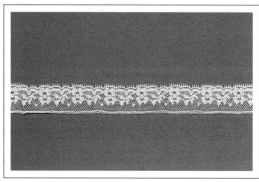

사진 6-46. 보빈넷 머신 레이스

록은 없으나 벨기에, 프랑스, 이탈리아, 영국, 스웨덴, 스페인 등지에서 만들어진 토션 레이스는 간단한 기하학적 문양을 만들 수 있는 레이스 기법이다. 1~2인치 (2.5~5cm) 폭의 긴 줄 레이스 형태인 것이 특징이다.

• 크로셰 레이스: 스칸디나비아어인 "크루크(crook)"에서 유래된 크로셰(crochet)는 끈이 갈고리 모양의 비늘루 고리를 연결하며 만들어지는 레이스이며, 우리나라에 서는 '코비늘 뜨기'라고 말한다.

유럽에서는 이 밖에도 마크라메(macramé), 태팅(tattting) 스프랭(sprang) 등 다양한 수공 예 레이스가 17~18세기까지 발달하였으며, 19세기에는 산업혁명과 함께 기계 레이 스가 출현하게 되었다. 기계제 레이스는 수공예 레이스보다 저렴한 가격으로 대량생 산되었으며, 다양한 의복 재료로 사용되기 시작하였다.

• 보빈넷 머신: 1809년 영국의 존 히스코트(John Heathcoat)가 보빈 레이스 원리를 기 계화하여 육각형 그물 무지인 망을 보급하면서 기계제 레이스가 출현하게 되었 으며, 이를 보빈넷(bobbinet) 머신이라 부른다. 보빈넷 머신에서는 매우 가느다란 면사로 10,000가닥이 넘는 실을 경사빔에 걸어 일반 라셀 레이스 머신에서 표현 하지 못하는 섬세한 무늬를 수공예 느낌으로 표현할 수 있다. 특히 작은 힘에도 잘 끊어지는 가느다란 면사로 무늬를 표현할 수 있는 고급 기계제 레이스이다.

• 리버 레이스 머신: 1813년 영국의 존 리버(John Leavers)가 히스코트의 보빈넷 머신

사진 6-47. 리버 레이스

사진 6-48. 라셀 레이스

을 변형하여 만든 레이스 기계이다. 업계에서는 리버(leavers) 레이스라 불리는데, 섬세함과 입체감이 매우 정교하고 아름다워 기계제 레이스 중에 가장 고급이며, 수공예 레이스에 뒤지지 않는 가장 완벽한 기계제 레이스이다.

• 라셀 레이스 머신: 라셀(raschel) 머신은 대표적인 경편기 중 하나로 1859년 독일의 바푸스(A. Barfuss)가 와프(warp) 프레임을 응용하여 개발하였다. 라셀 머신은 리버 머신의 보급형 기계로서 작업 속도가 빠르고 나일론, 폴리에스테르와 같은 합성사를 사용하여 가격이 싸다. 리버 머신보다는 섬세함과 아름다움이 덜하지만 대량생산에 적합하여 현재 가장 많은 레이스를 생산하는 레이스 머신이다. 1965년 독일의 칼마이어(Karl Mayer Co.)에서 12바(bar)의 라셀 기계를 개발함으로써 라셀 레이스의 무늬는 매우 다양해질 수 있었다.

• 기계제 자수 레이스: 직물이나 네트 혹은 튤(tulle) 바탕에 문양을 나타내기 위해 무늬 주변을 기계의 바늘과 실로 감치는 방법으로 만드는 레이스이다. 1838년 스위스 하일만(J. Heilman)에 의하여 엠브로이더리(embroidery) 자수 기계가 발명되었다. 기계제 자수레이스의 출현으로 합리적인 가격의 레이스를 대량 공급할 수 있게 되었다.

• 기계제 케미컬(chemical) 레이스: 물에 녹는 얇은 솔시트 혹은 필름지 위에 기계 자수를 놓은 뒤 물에 끓여 바탕천을 용해시켜 자수만 남기는 레이스이다.

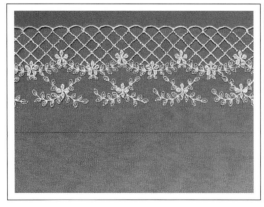

사진 **6-49**. 튤 자수 레이스

사진 **6-50**. 튤 자수 레이스(좌우대칭)

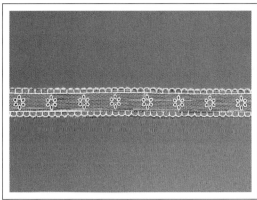

사진 **6-51**. 소폭 자수 레이스

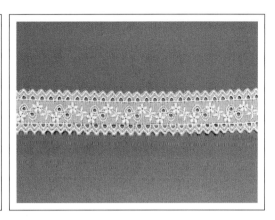

사진 **6-52**. 소폭 면 자수 레이스

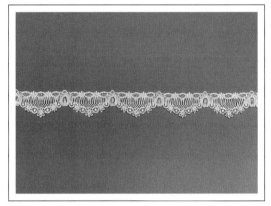

사진 **6-53**. 케미컬 소폭 레이스

사진 **6-54**. 케미컬 모티브 레이스

Q. 다양한 레이스 스와치를 찾아 붙여보자.

부자재

속옷 제작에서는 원단 혹은 레이스 외에 다양한 부속 재료가 필요한데, 이를 부자재라 부른다. 부자재를 직조하는 방법은 크게 소폭 직물과 소폭 편물로 나뉜다. 다양한 기능을 부여하기 위해 용도에 맞게 부자재가 사용된다. 부자재를 만드는 방법 역시 속옷에 사용되는 직물, 편물, 레이스를 직조하는 원리와 같으며 나양한 직조 방법을 응용하여 수많은 부자재를 만들어 낼 수 있다.

1) 신축성이 없는 부자재

폴리우레탄을 혼방하지 않은 탄성이 없는 원사로 다양한 소폭 바이어스와 루프를 직조할 수 있다.

소폭 직물(NARROW FABRIC) 소폭 직물은 전체 폭이 30cm보다 넓지 않게 직조한다. 5cm 이하의 소폭 바이어스, 리본 테이프 등 각종 좁은 직물을 같은 너비로 나란히 직조, 제직 후 컷팅하여 감기게 된다. 당목(TC) 바이어스, 기모 바이어스, 피본 바이어스가 대표적이다.

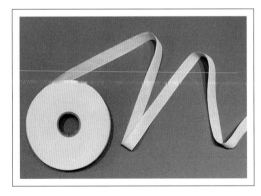

사진 **6-55**. 당목 바이어스

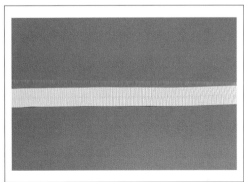

사진 **6-56**. 피본 바이어스

웨빙(WEBBING)　나일론을 튜브 형태로 납작하게 짜는 방식으로 소폭의 루프를 직조할 때 많이 사용되는 방법이다. 언더웨어 부자재 중에는 와이어 루프, 스틸본 루프 등을 제직할 때 사용되는 방법이다.

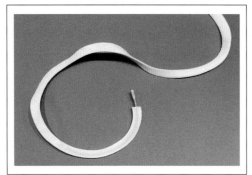 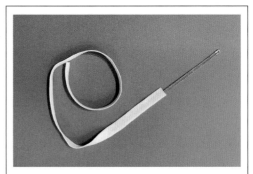

사진 **6-57**. 와이어가 삽입된 와이어 루프　　　사진 **6-58**. 스틸본이 삽입된 스틸본 루프

2) 신축성이 있는 부자재

언더웨어는 겉옷과 달리 신축이 필요한 밴드나 타이트한 힘이 필요한 밴드를 함께 봉제해야 한다. 소폭 탄성 밴드를 짜는 방식은 원단과 마찬가지로 직물(woven) 방식과 편성물(knit) 방식이 있으며, 이때 사용되는 원사는 나일론과 폴리우레탄이 혼방된 커버링사이다. 업계에서 많이 사용되는 밴드기계에는 직물 방식의 컴퓨터 고속직기와 세폭직기, 편성물 방식의 코메즈 기계가 있다.

직기 밴드(WOVEN ELASTIC BAND)　평직, 능직 등을 직조하는 방법으로 좁은 폭의 탄성 밴드를 짜는 기계이다. 편물 밴드보다 탄성이 우수하며 안정적이고 견고하다. 언더웨어에 사용되는 직기 밴드 종류에는 바인딩 밴드, 아웃밴드, 어깨끈 밴드, 모빌론 밴드 등이 있다.

- 어깨끈(shoulder strap): 단어 그대로 브래지어, 뷔스티에, 올인원 어깨에 달리는 전용 밴드이다. 어깨끈의 사이즈 조절이 가능하도록 고리(아제스터 adjuster)가 달려있으며, 아제스터의 종류에는 Z고리, O고리, 8고리 등이 있다.

- 꼬마끈: 어깨끈의 Z고리를 걸기 위한 보조밴드이다. 탄성이 강하지 않으며, 두께가 얇다. 꼬마끈의 쪽은 어깨끈의 폭과 같아야 하며, 이때 아제스터 고리의 폭도 동일해야 한다.

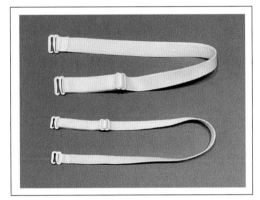

사진 6-59. 어깨끈

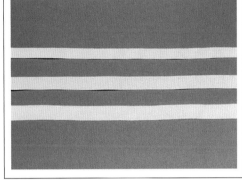

사진 6-60. 꼬마끈

- 바인딩 밴드(binding band): '묶다', '감다'의 뜻으로 주로 브래지어 몸판과 날개 상, 하변에 얹어 봉제된다. 브라 전체를 안쪽에서 밴드로 감싸 활동성을 좋게 하고 가슴컵을 안정적으로 받쳐주는 역할을 한다. 어깨끈보다 커버링사의 양이 적은 것이 특징이며, 밴드 끝에 다양한 피콧 장식을 만들어 직조할 수 있다.

- 아웃밴드(out band): 주로 브래지어 하변, 스포츠 이너웨어의 하변, 남성 팬티 허리 등의 부위에 사용하는 밴드로 탄성력이 좋고 밀도가 높다. 두께감이 있어 겉으로 드러나게 사용한다. 직조 시 자카드 기계를 장착하여 로고나 무늬를 나타낼 수 있어 고급스러운 이미지를 표현할 수 있다.

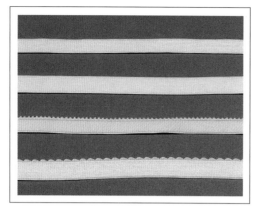

사진 **6-61**. 바인딩

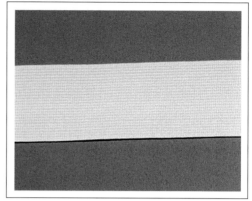

사진 **6-62**. 아웃밴드

- 모빌론 밴드(mobilon band): 폴리우레탄 섬유의 상품명인 모빌론은 보조밴드의 한 종류이다. 두께가 얇고 탄성이 약해 레이스 브래지어 컵 상변의 안쪽, 팬티의 절 개선 안쪽 등 다양한 부위에 사용되는 대표적인 보조 밴드이다.

- 접밴드(fold-over band): 팬티의 허리, 다리에 주로 많이 사용되는 밴드로 가운데를 접어 봉제할 수 있어 '접밴드'라 부른다. 접어서 원단 끝을 감싸 박을 수 있어 파 이핑 봉제와 같은 역할을 한다.

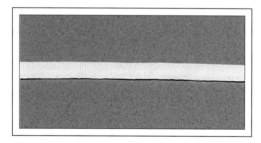

사진 **6-63**. 모빌론

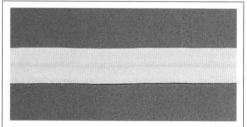

사진 **6-64**. 접밴드

소폭 편물 밴드(NARROW KNIT BAND) 소폭 편물은 위편물이나 경편물에 비해 적은 수 의 바늘을 사용하여 편직된다. 특히 속옷에 사용되는 소폭 탄성 밴드를 편직하는 데 많이 사용되며, 이탈리아의 코메즈(Comez)사에서 개발된 코메즈 기계가 대표적이다. 직기 밴드보다 생산 시간이 빠르지만, 밀도와 탄성은 직기 밴드보다 약해 주로 팬티 밴드 혹은 보조 밴드, 인밴드 등의 용도로 많이 사용된다.

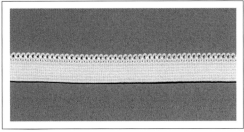

사진 6-65. 코메즈(피콧)

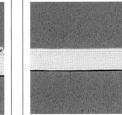

사진 6-66. 코메즈 인밴드

3) 기타 부자재

본딩샤(BONDING SHEER) 브래지어 앞몸판의 지지를 위해 덧대는 부자재이다. 신축성 있는 원단에 붙여 앞몸판의 늘어짐을 방지해 브래지어 컵을 안정적으로 지지해준다. '샤'라는 명칭은 '시어'의 일본식 발음이며, 폴리에스터와 레이온을 혼방하여 얇은 망사 조직으로 짜여진 속옷 전용 부자재이다. 원단의 두께는 TR23 혹은 TR26으로 표기되며, T는 테트론(=폴리에스터), R은 레이온의 약자이다. 뒤에 붙은 숫자는 원사의 굵기를 말한다.

샤 바이어스(SHEER BIAS) 얇고 섬세한 망 조직의 란제리 전용 부자재이다. 브래지어 앞중심 상변, 절개컵의 연결 부위, 브래지어 컵 상변 등에 사용되는 부드러운 부자재이다. 이른바 시스커트(망스커트)에서 유래된 일본식 용어이다. 업계에서는 TR 바이어스라고도 한다.

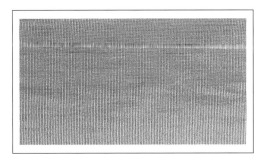

사진 6-67. 본딩샤

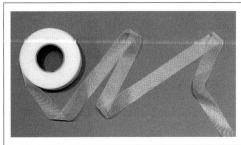

사진 6-68. 샤 바이어스

부직포(NON WOVEN FABRIC)　부직포는 섬유가 실을 거치지 않고 바로 피륙(원단)이 된 부자재이다. 합성섬유를 선택하고 망상(web) 형태로 만들고 망상을 그대로 결합시켜 패브릭을 만든 것이 부직포이다. 부직포는 종이보다 유연하고 제조공정이 간단하며 빠르고 경제적이다. 속옷에서는 절개컵 디자인 브래지어의 안쪽 컵 재료로 많이 사용된다.

사진 **6-69**. 부직포

TC
폴리에스테르 65%, 면 35%를 혼방하여 만든 직물

스펀지 패드(SPONGE FABRIC)　우레탄을 압축해서 만든 두께 2~4mm의 속옷 전용 부자재이다. 스펀지 양쪽 겉면에는 주로 TC가 붙어있으며, 브래지어 컵 제작용으로 많이 사용된다. 부드러운 촉감을 느끼게 하며, 부직포 패드보다 형태 안정성과 내구성이 좋다. 그러나 공기 중에서 황변이 잘 일어나며, 통기성이 낮은 것이 단점이다.

사진 **6-70**. 스펀지 패드

스페이서(SPACER FABRIC) 브래지어 컵 제작용으로 사용되는 스페이서는 3중 구조로 이루어져 있다. 겉면과 안쪽면은 부드러운 재질로 직조되어 있으며, 가운데 공간은 특수 메시 조직 필름을 세로로 세워 매우 밀도있게 짜인 부자재이다. 공기 중에서 황변이 일어나지 않는다.

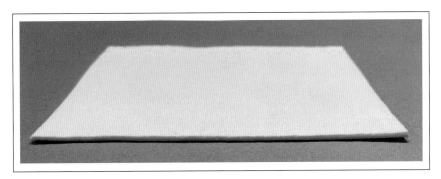

사진 **6-71**. 스페이서

샌드위치 메시(SANDWICH MESH) 더블라셀(double rashel)이라고도 불리며, 스페이서와 같은 조직으로 짜여진 소재로 브래지어 컵을 만들기 위한 부자재이다. 중간층에 필라멘트사로 연결되어 스페이서보다는 밀도가 덜하지만 통기성이 우수하고 형태 안정성이 뛰어나다. 스페이서와 마찬가지로 공기 중에서 황변이 일어나지 않는다.

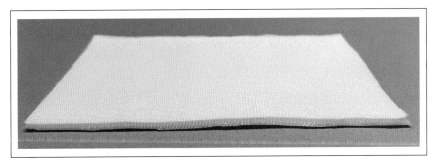

사진 **6-72**. 샌드위치 메시

스펀지 몰드컵(SPONGE MOULD CUP) '거푸집, 주형, 틀'이라는 뜻의 몰드(mould)는 다양한 브래지어 컵 형태를 금속 금형으로 제작하여, 스펀지 소재를 사용해 대량으로 제작된 부자재이다.

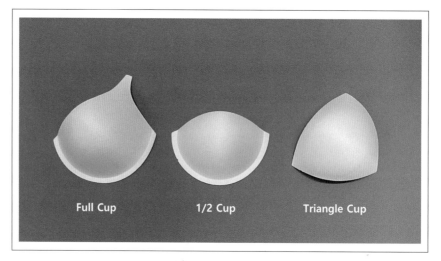

사진 **6-73**. 스펀지 몰드컵

와이어(WIRE) '철사', '전선'이라는 뜻의 와이어는 브래지어 컵 둘레에 삽입하는 철(steel) 소재의 부자재로, 가슴을 받쳐주고 모아주는 기능을 한다. 와이어의 재료에는 일반적인 스테인리스와 기능성을 추가한 형상기억합금, 하이플렉스 등이 있다. 최근에는 철보다 부드럽고 유연한 플라스틱으로 만들어진 와이어도 개발해 사용하고 있다.

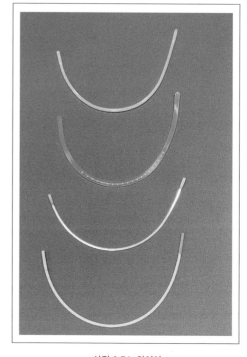

사진 **6-74**. 와이어

피본(P/BONE) 'Plastic bone'의 약자로, 브래지어의 옆 솔기를 지지하기 위해 삽입하는 기능성 부자재이다.

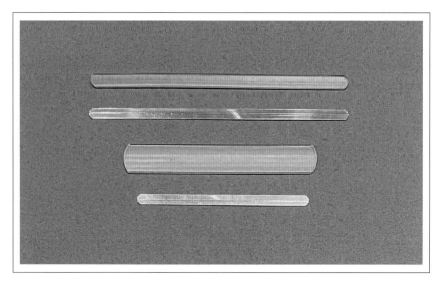

사진 **6-75**. 피본

훅앤아이(HOOK AND EYE) 브래지어의 날개 끝에 부착하여 여밈의 기능을 하며, 사이즈를 조절할 수 있는 란제리 전용 부자재이다. 다양한 폭으로 제작하여 사용할 수 있다.

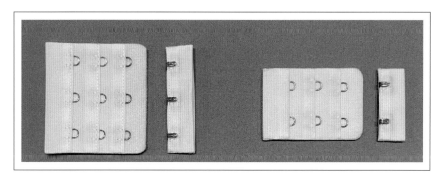

사진 **6-76**. 훅앤아이

Under
wear ———

언더웨어 실무디자인-스타일링

7

언더웨어
실무디자인
스타일링

디자인 드로잉

브랜드 런칭과 브랜드의 지속 가능을 위한 언더웨어 제품 디자인은 브랜드 성패를
가늠하는 가장 중요한 부분이다. 앞의 각 장에서 공부한 내용을 바탕으로 마지막 단
계인 언더웨어 디자인 실무를 잘 수행하도록 한다. 브랜드 콘셉트에 맞는 테마별 이
미지맵을 만들고, 이미지맵을 토대로 소재(원단, 레이스 등)를 선택하고, 중요한 부자재
도 함께 준비한다. 선택한 소재를 콘셉트에 맞게 스타일화(드로잉)를 통해 표현하고
샘플 작업과 생산에 필요한 도식화 작업을 진행한다.

1) 콘셉트에 맞는 스타일화 및 도식화 예시

속옷 브랜드에서 콘셉트란 브랜드의 고유한 특징 및 이미지를 결정하게 되므로 콘셉트에 맞는 디자인을 제시하고, 실물로 제작하여, 대량생산하는 모든 과정이 하나로 통일성 있게 표현되어야 한다. 과정마다 필요한 작업을 진행하기 전에 아래 예시를 통해 선제 작업이 어떻게 실행되어야 하는지 확인해보자.

그림 7-1. 콘셉트 이미지맵(무드보드)

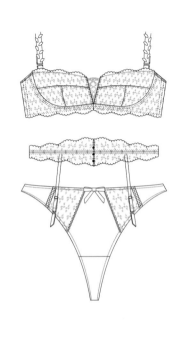

그림 **7-2**. 스타일화   그림 **7-3**. 도식화

사진 **7-1**. 완성된 제품 촬영(룩북)

2) 언더웨어 스타일화

언더웨어 스타일화 작업은 디자인된 속옷이 여성의 몸에 입혀졌을 때의 모습을 스케치하는 작업으로, 전체적인 실루엣과 디테일한 디자인 포인트를 결정한다. 예를 들면, 속옷의 길이가 몸의 어떤 위치까지 오도록 할 것인지, 어깨끈을 한 줄로 할 것인지, 두 줄로 할 것인지, 등쪽 디자인은 어떻게 표현할 것인지, 재료들은 어떻게 구성하여 배치할 것인지 등의 디자인 요소를 인체 비율을 고려하여 다양하게 그려보는 작업이다.

그림 7-4. 파운데이션, 란제리 스타일화

3) 언더웨어 도식화

도식화란 사물의 구조, 관계, 변화, 상태 따위를 그림이나 양식으로 만들어 표현한 것이다. 새롭게 구상한 언더웨어를 제품으로 완성하기 위해서는 봉제 샘플실이나 봉제 공장과 제품에 대한 소통이 매우 중요한데, 이러한 작업을 원활히 하기 위해 문서에 제품의 특징을 그려 넣는 작업을 말한다. 도식화 작업에서는 스타일화에서 생략했던 봉제선, 봉제 방법, 봉제에 필요한 길이, 부자재 등을 구체적이고 정확하게 표현해야 한다.

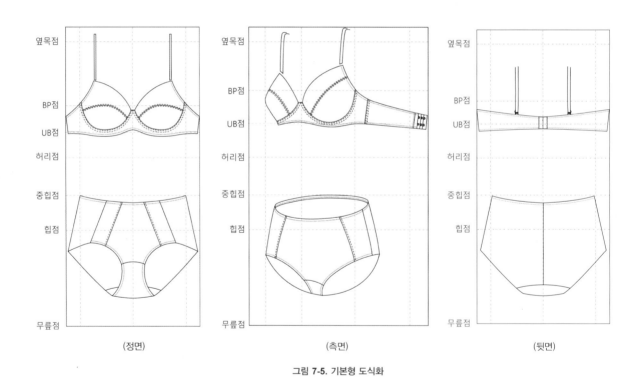

그림 7-5. 기본형 도식화

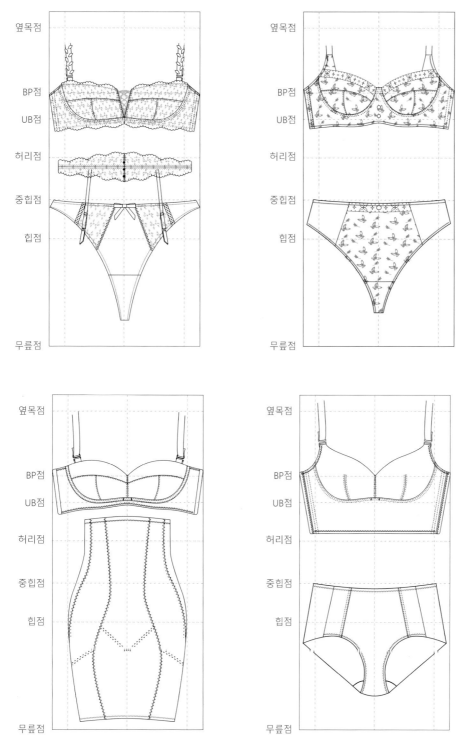

그림 **7-6.** 도식화 예시

Q. 아래 도식화 틀을 이용해 다양한 언더웨어 디자인 도식화 작업을 연습해보자.

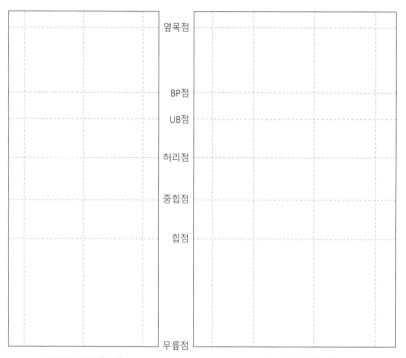

옆목점
BP점
UB점
허리점
중힙점
힙점
무릎점

기본 도식화 틀(정면)　　　　기본 도식화 틀(측면)

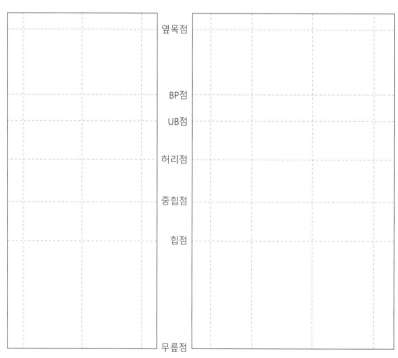

옆목점
BP점
UB점
허리점
중힙점
힙점
무릎점

기본 도식화 틀(정면)　　　　기본 도식화 틀(측면)

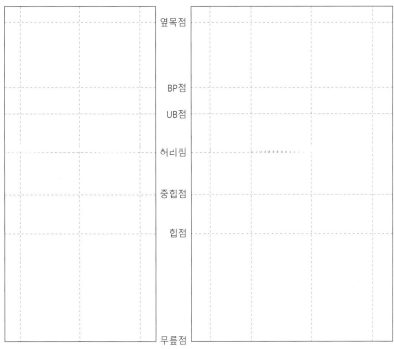

| 기본 도식화 틀(정면) | 기본 도식화 틀(측면) |

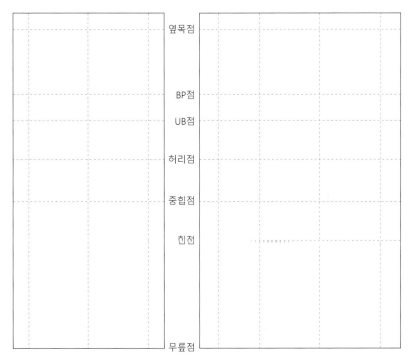

| 기본 도식화 틀(정면) | 기본 도식화 틀(측면) |

Under
wear ———

언더웨어 샘플제작

언더웨어 샘플제작

언더웨어 디자인에 따른 패턴 제도

언더웨어 실무패턴 교육에서 공부한 브래지어, 팬티의 원형 패턴을 그리고, 기본 원형 위에 원하는 디자인을 고려하여 패턴을 수정하고 응용하여 다시 제도한다. 패턴 응용 시에는 기준이 되는 곳(바스트포인트, 언더바스트 등)을 지키며 패턴선을 수정해야 한다. 이때 옷이 뒤틀리거나 바디 위치와 패턴의 위치가 왜곡되지 않게 주의를 기울인다. 이를 업계에서는 '알패턴 작업'이라 부른다.

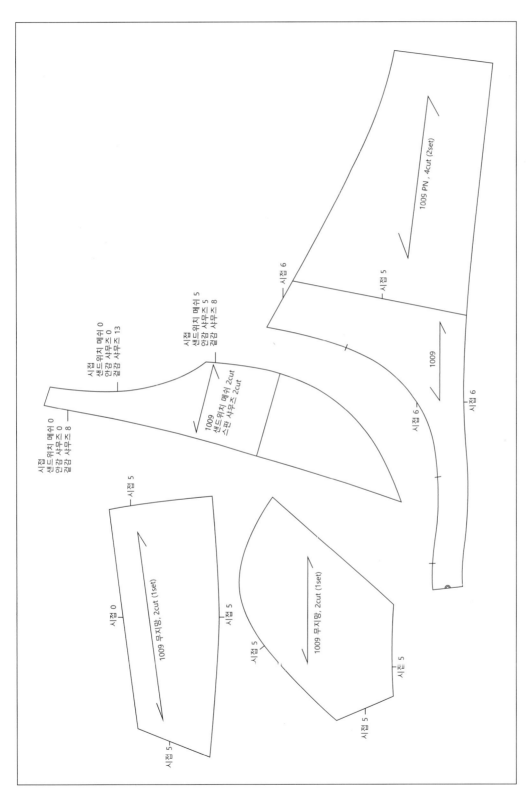

그림 **8-1.** 앞패턴

그림 8-2. 시접패턴

재단을 위한 시접패턴 작업

준비된 원단 혹은 레이스를 재단하기 위해 완성된 패턴에 디자인, 부자재, 봉제법을 모두 고려하여 정확한 시접양을 계산하고 시접을 그려 넣는다.

재단 및 봉제 실무

1) 원단재단

준비한 원단이나 레이스 위에 패턴을 올려놓고 아래 사진처럼 재단한다. 재단 시 반드시 식서를 맞추고, 원단 전용 펜이나 초크를 사용해 재단선을 따라 외곽선을 그린다. 소재가 너무 얇거나 신축이 매우 좋으면 원단 아래에 얇은 보조지를 깔고 같이 재단하면 정확하고 쉽게 재단할 수 있다. 이때 원단을 들어 올리지 않도록 주의하고, 레이스일 경우 무늬를 정확히 맞추고 좌우대칭이 되도록 재단한다.

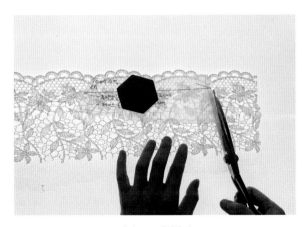

사진 8-1. 재단하기

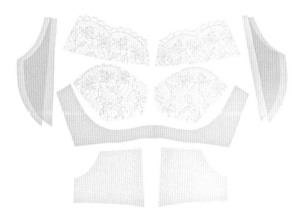

사진 8-2. 재단물

2) 부자재 준비

각 부위별 원단 재단이 끝나면 아래 사진처럼 필요한 부자재를 준비한다. 부자재의
종류는 앞서 공부한 내용을 토대로 만들고자 하는 아이템의 부위별 기능에 맞게 준
비한다.

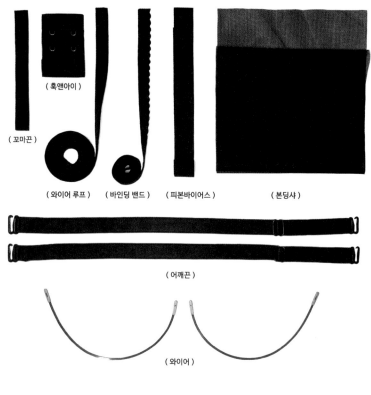

(훅앤아이)

(꼬마끈)

(와이어 루프)   (바인딩 밴드)   (피본바이어스)   (본딩샤)

(어깨끈)

(와이어)

사진 8-3. 부자재 키트

3) 샘플 작업 지시서 작성

계획된 디자인을 구체화하기 위해 샘플 작업 진행 시 필요한 서류를 말한다. 새로운
실루엣의 디자인이나 디자인의 디테일이 어려울수록 봉제법과 시접양을 매우 정확
하고 치밀하게 계산하여 샘플 작업 지시서를 작성한다.

샘플 작업 지시서

디자이너		작성일	
SEASON		아이템	

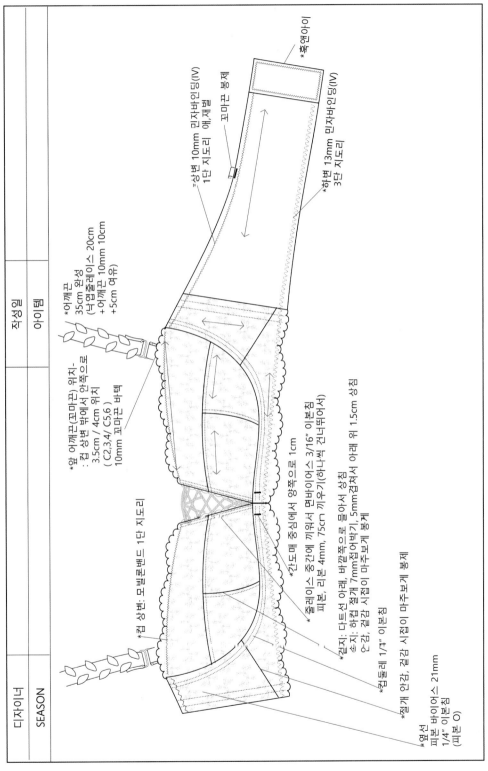

*앞 어깨끈(꼬마끈) 위치-
: 컵 상변 밖에서 안쪽으로
3.5cm / 4cm 위치
(C2,3,4/ C5,6)
10mm 꼬마끈 바텍

*앞 어깨끈
35cm 완성
(너엽줄레이스 20cm
+어깨끈 10mm 10cm
+5cm 여유)

*컵 상변: 모빌론밴드 1단 지도리

*간도매 중심에서 양쪽으로 1cm

*줄레이스 면바이어스 3/16" 이본침
피본, 리본 4mm, 75cm 끼우기(하나씩 건너뛰어서)

*결지: 다트선 아래, 바깥쪽으로 몰아서 상침
 숏지: 하컵 절개 7mm접어바기, 5mm겹쳐서 아래 위 1.5cm 상침
 안감, 걸감 시접이 마주보게 봉제

*컵둘레 1/4" 이본침

*걸개 안감, 걸감 시접이 마주보게 봉제

*옆선
피본 바이어스
1/4" 이본침
(피본 O)

*절개 바이어스 21mm

=상변 10mm 민자바인딩(IV)
 1단 지도리 해,재결

꼬마끈 봉제

*하변 13mm 민자바인딩(IV)
 3단 지도리

*혹엔아이

그림 8-3. 샘플 작업 지시서

디자이너	작성일	샘플 작업 지시서
SEASON	아이템	

Lingerie Han

4) 샘플 봉제

최초로 상용화된 재봉틀은 1846년 미국의 기술자인 일라이어스 하우(Elias Howe)에 의해 개발되었다. 1851년 뉴욕의 아이작 싱어(Isaac Merritt Singer)는 바늘의 아래쪽에 구멍을 만들고 발판을 추가하는 식으로 하우의 재봉틀을 개량해서 공장과 일반 가정에 보급하기 시작하였다. 산업혁명 기간에 싱어가 개발해 보급한 본봉 재봉틀(알자박기)을 시작으로 이본침, 평이본, 오버로크 등 다양한 재봉틀이 개발되면서 아웃웨어뿐 아니라 신축성 있는 니트 소재까지도 기계 봉제가 가능해졌다.

특히 언더웨어는 신축성 있는 소재를 많이 사용하고 다양한 부자재를 얹거나 끼워 함께 봉제해야 하기 때문에 신축이 있는 재봉틀과 신축이 없는 재봉틀을 구분해서 사용해야 한다. 봉제 방법과 특징을 다음을 통해 이해하고, 샘플 제작 시 필요한 봉제법을 적용해 샘플 작업 지시서를 작성해 본다. 샘플이 완성되면, 봉제법에는 문제가 없는지, 시접양은 적절한지 등을 확인하며 수정사항을 꼼꼼하게 정리해 둔다. 대량생산 시 공장에서 재단 혹은 봉제사고가 발생하지 않도록 미리 체크해야 한다.

(1) 봉제 방법과 원리

본봉(SINGLE STITCH) 가장 기본적인 재봉틀 바느질로 윗실과 밑실이 같은 장력으로 맞물리며 땀을 만들어 한줄로 박는 봉제법이다. 신축성이 없어 언더웨어 봉제 시 가몽이나 브래지어 컵, 몸판 등 신축이 안 되는 부위에 주로 사용한다.

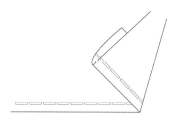

그림 8-4

이본침(DOUBLE STITCH) 본봉 두줄을 한 번에 박는 봉제법이다. 신축성이 없어 언더웨어 봉제 시 신축이 없는 부위나 브래지어 컵, 몸판 옆선의 바이어스 봉제에 주로 사용한다.

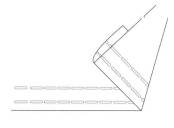

그림 8-5

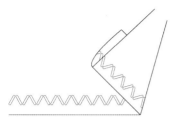

그림 8-6

지도리(ZIGZAG STITCH)　삼각형 모양을 만들어 밑실과 윗실이 맞물리며 박는 봉제법이다. 신축성이 있어 브래지어 밴드나 팬티 밴드 위에 많이 사용되는 봉제법이다.

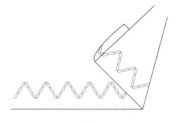

그림 8-7

3단 지도리(THREE STITCH)　세 땀씩 삼각형 모양을 만들며 밑실과 윗실을 맞물려 박는 봉제법이다. 신축성이 지도리보다 좋고 봉제 침폭이 더 넓다. 브래지어나 팬티, 거들 밴드 봉제 시 많이 사용된다.

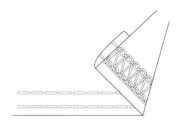

그림 8-8

평2본(COVER STITCH)　겉면은 두줄 스티치, 안쪽에는 오버록 형태로 박는 봉제법이다. 신축성이 있어 스포츠 브래지어나 수영복, 남성 팬티 끝처리 봉제에 많이 사용된다.

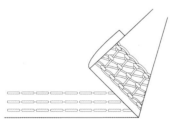

그림 8-9

평3본(THREE COVER STITCH)　평2본과 같은 봉제법으로 겉면에 세줄 스티치, 안쪽에 2본 오버록 형태로 박는 봉제법이다. 신축성이 있어 스포츠 브래지어나 수영복, 남성 팬티 봉제에 많이 사용된다.

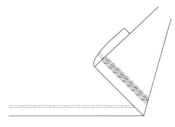

그림 8-10

체인본봉(CHAIN STITCH)　겉면은 본봉과 같이 한줄 스티치, 안쪽은 체인 모양으로 실이 걸리게 박는 봉제법이다. 본봉보다 신축성이 있고 견고한 봉제법이다. 수영복이나 브래지어 '래퍼(wrapper)' 봉제에 주로 사용한다. ('래퍼'는 현업에서 일본어의 영향으로 통상 '랍빠'라고 부른다.)

1본 오버로크(SINGLE OVERLOCK) 원단 끝을 잘라내는 동시에 한줄로 본봉선을 박아 그 끝에 실이 감싸지도록 하는 봉제법이다. 신축성이 있는 브래지어의 몰드컵이나 샌드위치 더블라셀 끝단 처리에 많이 사용한다.

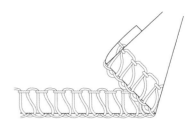

그림 8-11

2본 오버로크(DOUBLE OVERLOCK) 원단 끝을 잘라내는 동시에 두줄로 본봉선을 박아 그 끝에 실이 감싸지도록 하는 봉제법이다. 메리야스나 팬티 옆선의 솔기 봉제 시 많이 사용된다.

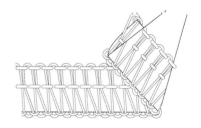

그림 8-12

바텍(BAR-TACK) 일본어로 '간도메'라고 불리며, 브래지어 봉제 마지막 공정에서 와이어 전용 재봉틀로 일정한 간격을 설정하고 구간을 반복해 박는 봉제법이다.

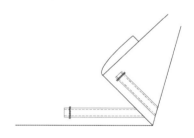

그림 8-13

봉 제 순 서 및 방 법

품 번	색상	봉제처	입고처	담당디자이너		작성일자
1009	IV		란제리한			

NO	공 정	실	기 종	침 폭 / 땀 수	시접	비 고	주 의 사 항
1	컵 상하변 속지 연결	P	본봉	14	5		
2	컵 상하변 겉지 연결	P	본봉	14	5		
3	컵 겉지 시접 갈라 상침	P	본봉	14	5		
4	샌드위치 메쉬(부직포) 안감 가봉	P	본봉	8	0		
5	날개, 밑받침 연결	P	본봉	10	8		
6	컵상변 모빌론 밴드	N	지도리	2/10	5		
7	레이스 원단 끼위서 샌드위치 메쉬(부직포) 겉감 가봉	P	본봉	8	0		
8	앞중심 연결	P	본봉	12	5		
9	레이스 원단, 샌드위치 매쉬 연결 부분 샤바이어스	P	3/16"이본침	14			
10	앞중심 갈라서 샤바이어스	P	3/16"이본침	14			
11	피본 바이어스	P	3/16"이본침	14	5		
12	샌드위치 메쉬(부직포) 겉감 뒤집어서 주름 안지게 가봉	P	본봉	14			
13	컵달이(밑받침, 컵 연결)	P	본봉	12	5		
14	하변 13mm바인딩 밴드 애벌	N	지도리	2/10	6		
15	하변 13mm바인딩 밴드 재벌	N	지도리	2/10			
16	상변 10mm바인딩 밴드 애벌	N	지도리	2/10	6		
17	상변 10mm바인딩 밴드 재벌, 꼬마끈 끼위박기	N	지도리	2/10			
18	어깨끈 앞 연결	N	지도리	2/30			
19	라벨가봉	P	지도리	28			
20	후크달기	P	지도리	2/20	7		
21	와이어 루프	N	1/4"이본침	14			
22	와이어 넣기						
23	-어깨끈 앞 -와이어 루프 앞중심, 체스트		간도메(바텍)				
24	리본 모티브			제자리			

★ 검수시 주의사항   ★ 포장방법

그림 8-14. 봉제 순서 및 방법

봉 제 순 서 및 방 법

품 번	색상	봉제처	입고처	담당디자이너	작성일자

NO	공 정	실	기 종	침 폭 / 땀수	시 접	비 고	주 의 사 항

★ 검수시 주의사항

★ 포장방법

Under
wear —

제품생산 준비업무

CHAPTER

9

CHAPTER 9

제품생산 준비업무

원부자재 소요량 산출 의뢰서 작성

샘플이 완성되고 대량생산이 결정되면 제작하고자 하는 제품의 총수량에 따른 원부자재 소요량을 계산해야 하는데 일반적으로 캐드 프로그램을 사용한다. 회사 내부에서 소요량 산출이 어려울 경우에는 다음 예시를 참고하여 소요량 산출 의뢰서를 작성하고 전문 캐드 업체에 작업을 의뢰한다. 소요량 산출 의뢰 시에는 사이즈별로 작업된 알패턴을 함께 보내야 한다.

소요량 산출 의뢰서

결재	담당	대표

ITEM	**B R A**	색상／사이즈	**70C**		**80B**		소 계
품 번	BR1001	IV	20		15		200
품 명	베라 반컵 롱브라	색상／사이즈	**75A**	**75B**	**75C**	**75D**	
		IV	30	45	50	40	

자 재 명	규 격	거 래 처	사용부위 및 설명	소요량
올오버레이스	64.5"		상, 하컵 걸지	0.045M
올오버레이스+본딩샤	원단 64.5"		밑받침 / *44"본딩 기준 요척	0.045M
스판망	60"		좌우 날개 각 2장, 총4장	0.062M
스페이서 원단(DUB-0791)	49"		컵	0.045M
면싱글(CM40)	32"(최종 사용)		컵속지 / * 28"더블폭 기준 요척	0.04M
수입 케미컬 소폭 레이스	48mm(스칼럽 높은고)		컵 상변 장식	0.52M
민자 기모 바인딩	10mm , 13mm		밑받침, 날개 상하변	1.4M
WIRE ROOF	10mm		컵둘레	0.6M
WIRE	2mm		컵둘레(강도 하드)	1set
P/BONE TAPE	18mm		밑받침, 옆선	0.57M
P/BONE	3.5mm		옆선	2EA
고주파 조립 수입 어깨끈	10mm, 13mm		완성길이 : 36cm, 아제스터 : Z+8+Z	1set
꼬 마 끈	10mm, 13mm		컵상변, 날개 상변	0.2M
TR Bias	20mm		스페이서 컵, 컵상변, 앞중심	1.475M
접리본 모티브	6mm		앞중심 상변	1ea
싸개단추	6mm		밑받침 중심 장식	2ea
직조라벨	폭 1.5cm / 길이 5cm			1ea
사이즈 라벨	폭 1.7cm / 길이 5cm			1ea
케어라벨	폭 1.7cm / 길이 5cm			1ea
3단 H & E	57mm			1set
봉제사			나일론사, 면사, 울사, 특수사 ( )	

Lingerie Han

그림 **9-1.** 소요량 산출 의뢰서

소요량 산출 의뢰서

결재	담당	대표

ITEM		색상 사이즈					소 계
품 번							
품 명		색상 사이즈					

자 재 명	규 격	거 래 처	사용부위 및 설명	소요량

Lingerie Han

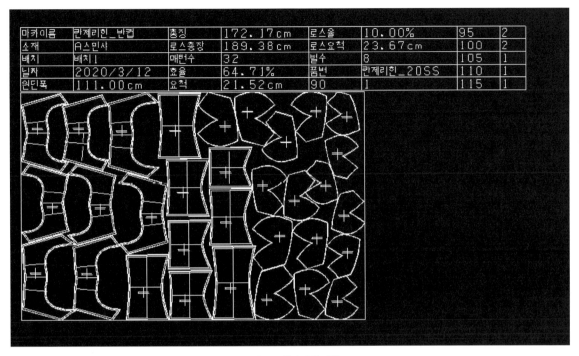

마카이름	란제리힌_반컵	총장	172.17cm	로스율	10.00%	95	2
소재	스판사	로스총장	189.38cm	로스요척	23.67cm	100	2
배치	배치1	매턴수	32	벌수	8	105	1
날짜	2020/3/12	효율	64.71%	품번	란제리힌_20SS	110	1
원단폭	111.00cm	요척	21.52cm	90	1	115	1

그림 **9-2.** 원단 요척 작업

원부자재 발주서 작성

필요한 원부자재의 소요량이 산출되면 필요한 총량을 계산하여 각 업체에 생산에 필
요한 부자재를 발주한다. 다음 예시를 참고하여 필요한 발주서를 작성하고 업체에
발송한다. 이때 부자재의 발주량은 전체 소요량의 15% 정도를 추가하여 발주해야
하는데, 이는 생산 시 분실되는 로스(loss)분이다. 또한 발주서를 보내고 나면 반드시
납기일을 체크해야 한다.

발 주 서

발주자	등록번호				
	상호	란제리한		성명	한 선 미
	사업자 소재지				
	업태			종목	

발주자 - 한선미

서기 20 **년** **월** **일**　　　　**귀하**

품명	너비	컬러	수량	
와이어루프	10mm	BK	180M	
		IV	180M	
꼬마끈	10mm	BK	33M	
		IV	33M	
	13mm	BK	27M	
		IV	27M	
조립 수입 어깨끈	ST10-006(10mm)	BK	165set	(Z+8+Z, 고주파) 36cm 완성, 43cm 컷팅 아제스터 고리 컬러 및 규격 어깨끈과 동일
		IV	165set	
	ST13-006(13mm)	BK	135set	
		IV	135set	
바인딩 민자 밴드 (라이크라)	B10-8102 (기모, 10mm)	BK	231M	
		IV	231M	
	B13-8102 (기모, 13mm)	BK	111M	
		IV	111M	
본딩샤(TR26) ※본딩 작업 후	44"	IV	14M	올오버레이스(66")에 부착
P/BONE	폭 3.5mm	9cm(75A)	180EA	샘플 참조
		9.5cm(75B/70C)	390EA	
		10cm(75C/80B)	390EA	
		10.5cm(75D)	240EA	

샘플 스와치

그림 9-3. 발주서

발 주 서

발 주 자	등록번호			
	상호		성명	
	사업자 소재지			
	업태		종목	

서기 20 **년 월 일**　　　　**귀하**

품명	너비	컬러	수량	

샘플 스와치

봉제지도서 작성

대량생산을 위해 필요한 봉제지도서는 아래 예시를 참고하여 정확히 작성해야 생산 사고를 막을 수 있다. 앞서 샘플 작업 시 체크해 놓았던 사항을 토대로 꼼꼼하게 작성하여 공장에 보낸다.

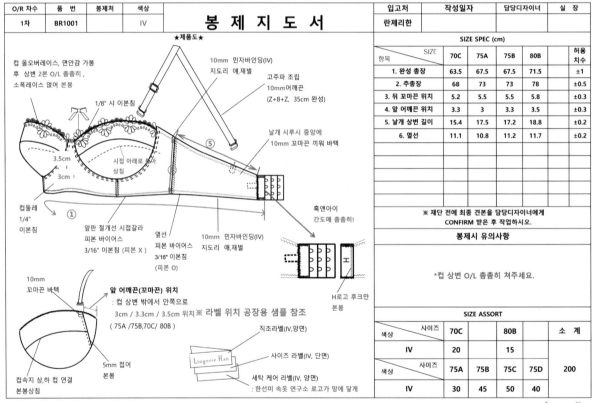

그림 9-4. 봉제지도서

봉 제 지 시 도 서

O/R 치수	품 번	봉제처	색상

임고처	작성일자	담당디자이너	실 장

SIZE SPEC (cm)

항목 \ SIZE						허용 치수

※ 재단 전에 최종 견본을 담당디자이너에게 CONFIRM 받은 후 작업하시오.

봉제시 유의사항

SIZE ASSORT

색상 \ 사이즈	80B	소 계
색상 \ 사이즈		

Lingerie Han

생산패턴 완성

대량생산에 필요한 공장용 생산패턴은 각 사이즈별 패턴의 시접양이 정확해야 하며, 패턴길이의 오차가 없어야 한다. 공장 샘플제작에서 체크된 내용을 토대로 알맞은 시접양을 다시 수정 작업하고, 봉제 시 필요한 시루시(너치,가위밥)는 빠짐없이 표시해야 한다. 디자이너의 부주의로 생산패턴에서 실수가 발생하면 생산사고로 이어질 수 있음을 명심해야 한다.

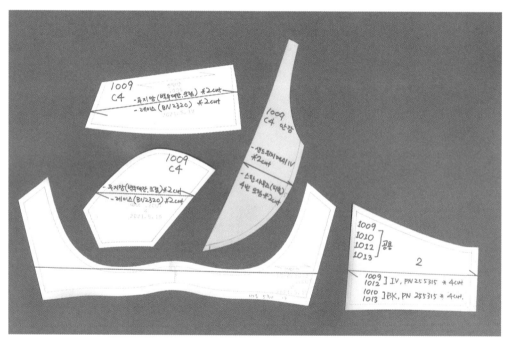

사진 **9-1.** 생산패턴

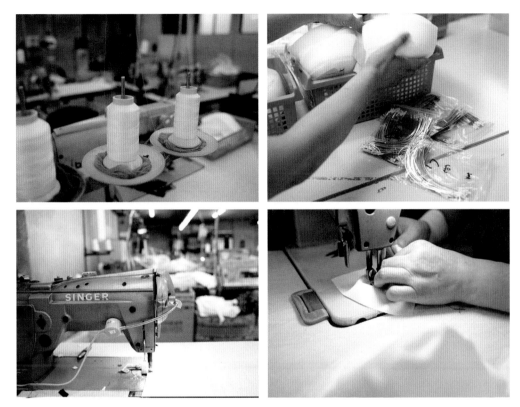

사진 9-2. 생산공장

언더웨어 생산순서

지금까지 공부한 내용을 토대로 제품 디자인부터 실무 생산과정까지 보기 쉽게 표로 정리하였다. 자칫 지나칠 수 있는 내용은 다음 표를 참고하여 꼼꼼하게 체크하면서 생산을 진행하도록 한다. 이후에 해야 하는 다양한 실무 업무(제품 촬영, 자사 홈페이지 상품 업로드, SNS 작업)에 대해서는 다음 책에서 다루도록 하겠다.

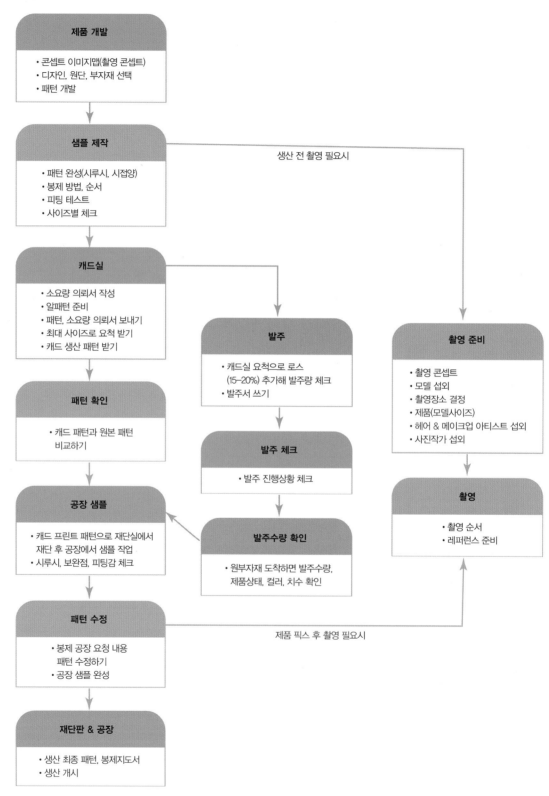

제품 개발
- 콘셉트 이미지맵(촬영 콘셉트)
- 디자인, 원단, 부자재 선택
- 패턴 개발

샘플 제작
- 패턴 완성(시루시, 시접양)
- 봉제 방법, 순서
- 피팅 테스트
- 사이즈별 체크

생산 전 촬영 필요시

캐드실
- 소요량 의뢰서 작성
- 알패턴 준비
- 패턴, 소요량 의뢰서 보내기
- 최대 사이즈로 요척 받기
- 캐드 생산 패턴 받기

발주
- 캐드실 요척으로 로스 (15~20%) 추가해 발주량 체크
- 발주서 쓰기

촬영 준비
- 촬영 콘셉트
- 모델 섭외
- 촬영장소 결정
- 제품(모델사이즈)
- 헤어 & 메이크업 아티스트 섭외
- 사진작가 섭외

패턴 확인
- 캐드 패턴과 원본 패턴 비교하기

발주 체크
- 발주 진행상황 체크

촬영
- 촬영 순서
- 레퍼런스 준비

공장 샘플
- 캐드 프린트 패턴으로 재단실에서 재단 후 공장에서 샘플 작업
- 시루시, 보완점, 피팅감 체크

발주수량 확인
- 원부자재 도착하면 발주수량, 제품상태, 컬러, 치수 확인

패턴 수정
- 봉제 공장 요청 내용 패턴 수정하기
- 공장 샘플 완성

제품 픽스 후 촬영 필요시

재단판 & 공장
- 생산 최종 패턴, 봉제지도서
- 생산 개시

그림 9-5. 언더웨어 생산순서

참고문헌 REFERENCE

국내문헌

고바야시 아키라, 이후린 역(2013), **폰트의 비밀**, 예경

김성련(2009), **피복재료학**, 교문사

노영혜(2008), **색의기본1**, 도서출판 종이나라

노영혜(2008), **색의기본2**, 도서출판 종이나라

박주희(2008), **디자이너 도식화**, PFIN 패션스터디 줄판사업무

빌가드너, 이희수 역(2014), **로고 디자인의 비밀**, 아트인북

송화순, 김인영, 김혜림(2017), **텍스타일**, 교문사

아이나 살츠, 이희수 역(2011), **타이포그래피 불편의 법칙 100가지**, 고려문화사

안동진(2011), **Merchandiser에게 꼭 필요한 섬유지식**, 한올출판사

안현숙, 김선희, 배주형(2008), **패션디자인 실무를 위한 패션도식화와 작업지시서**, 일진사

야자키 준코, 최정우 역(2011), **세계의 귀여운 자수**, 경향BP

야자키 준코, 최정우 역(2012), **세계의 귀여운 레이스**, 경향BP

M.H.저니건, C.R.이스털링, 임숙자 외 역(1990), **패션 머천다이징&마케팅**, 교문사

오세향(2019), **란제리 패턴메이킹**, 경춘사

요하네스 이텐, 김수석 역(2008), **색채의 예술**, 지구문화사

요한 볼프강 폰 괴테, 장희장 외 역(2013), **색채론**, 믿음사

이호정(2008), **패션머천다이징**, 교학연구사

이호정, 정송향(2010), **패션 머천다이징 실체**, 교학연구사

최경원(2008), **붉은색의 베르사체, 회색의 아르마니**, 도서출판 길벗

최경원(2008), **좋아 보이는 것들의 비밀 GOOD DESIGN**, 도서출판 길벗

K.메데페셀헤르만, F.하이머, H-J.크바드베크제거, 권세훈 역(2007), **화학으로 이루어진 세상**, 에코리브로

필립 코틀러, 개리 암스트롱, 안광호 외 역(2008), **Kotler의 마케팅 원리**, 피어슨에듀케이션코리아

국외문헌

Amanda Briggs-Goode, Deborah Dean(2013), Lace: Here: Now, USA

Brigita Fuhrmann(1976), Bobbin Lace: An Illustrated Guide to Traditional and Contemporary Techniques, USA

Cora Harrington(2018), In Intimate Detail, USA

Doretta Davanzo Poli(2011), Venice-Burano. The Lace Museum, USA

Faber Birren(1987), Principles of Color, USA

Jené Luciani(2017), The Bra Book, USA

Kristina Shin(2010), PATTERNMAKING FOR UNDERWEAR DESIGN, USA

Sara J. Kadolph(2010), TEXTILES, USA

Sha Tahmasebi(2011), LE DESSIN DE MODE – Silhouettes et pose, FRANCE

Susannah Handley(1999), Nylon: The Manmade Fashion Revolution, UK

Wakatsuki Mina, Sugimoto Yoshiko(2007), Illustrated Dictionary of Fashion Japanese American British, JAPAN

국내연구논문

김선영(2014), 현대 조형예술의 표현매체로 활용된 레이스의 비교 고찰, 한국패션디자인학회지 제14권 2호

김용숙, 최종명(2008), 현대패션에 표현된 레이스 소재의 이미지, 생활과학연구논총 제12권 제2호

김효영(2018), 레이스를 사용한 현대 패션 스타일에 관한 연구, 건국대학교 대학원 석사학위 논문

김희선(2014), 레이스의 범주와 분류체계에 관한 연구, 한국의상디자인학회지 제 16권 제4호

이경희(2002), 유럽에서의 레이스의 변천과 활용, 한국의류산업학회지 제4권 제1호

기타논문

디자이너 능력개발 훈련과정 – 신영와코루

언더웨어의 모든 것 – 비비안 교육자료

텍스타일 자수디자인 – ARS DESIGN

이미지 출처 IMAGE SOURCE

사진 및 자료 수록을 허락해 주신 소장처에 감사드립니다. 미처 동의를 구하지 못한 작품인 경우, 출판사 측으로 연락을 주시면 동의 절차를 밟도록 하겠습니다.

1장

그림

1-1~18　제작 이미지

2장

그림

2-1~6　제작 이미지

사진

2-1	촬영 이미지
2-2	https://interfiliere-paris.com/
2-3	www.intertextileapparel.com
2-4	https://fr.saloninternationaldelalingerie.com/
2-5	http://www.lingerie-americas.com
2-6	http://www.chinaexhibition.com/Official_Site/11-775-The_94th_China_International_Trade_Fair_for_Mode_Underwear_and_Home_Textiles_(CKCF_2012).html
2-7~8	https://enmar.chicfair.com/
2-9~11	https://carlin-creative.com/home/
2-12~14	https://nellyrodi.com/en/product-category/trend-books/
2-15	https://promostyl.com/
2-16	https://previewinseoul.com/
2-17	http://www.previewin.com/
2-18	http://www.koreafashion.org/trendfair/
2-19	http://www.koreafashion.org/indie_2015/main/main.asp
2-20	https://www.firstviewkorea.com/
2-21	https://laperla.com/
2-22	https://www.intimissimi.com/uk/
2-23	https://www.agentprovocateur.com/int_en/
2-24	https://www.yoiment.com/
2-25	https://www.aubade.eu/en_CZ/
2-26	https://int.li-vy.com/
2-27	https://chantelle.com/en/chantal-thomass
2-28	https://int.etam.com/
2-29~34	제작 이미지

3장

그림

3-1~3　제작 이미지

사진

3-1	https://www2.hm.com/ko_kr/index.html
3-2	https://www.oysho.com/kr/
3-3	촬영 이미지
3-4	https://www.musinsa.com/
3-5	https://www.wconcept.co.kr/
3-6	자사 홈페이지
3-7	https://hebe.global/
3-8	https://www.instagram.com/
3-9	https://www.youtube.com/
3-10	https://www.facebook.com/
3-11~13	자사 홈페이지
3-14	https://www.samsung.com/
3-15	https://www.starbucks.co.kr/index.do
3-16	자사 홈페이지

4장

그림

4-1~7 저자 소장 자료(학생작품)

4-8~9 제작 이미지

사진

4-1 https://www.vogue.co.uk/gallery/madonna-tour-outfits

4-2 https://www.insider.com/lady-gaga-mtv-vma-outfits-masks-2020-8#gaga-kept-the-same-led-mask-on-but-changed-her-outfit-to-a-purple-bra-top-and-matching-underwear-with-lace-up-black-boots-to-perform-rain-on-me-with-ariana-grande-5

4-3 저자 소장 자료

4-4 저자 소장 자료(학생 작품)

4-5 https://www.princessetamtam.com/

4-6 https://www.cosabella.com/

4-7 http://www.venus.co.kr/

4-8 https://www.elle.co.kr/

4-9 https://www.moonyamoonya.com/

4-10 https://chantelle.com/

4-11 https://www.simone-perele.com/

4-12 http://www.wacoal.co.kr/

4-13 https://uk.triumph.com/

4-14 제작 이미지

5장

그림

5-1~22 제작 이미지

사진

5-1 https://munsell.com/

5-2 https://ko.wikipedia.org/wiki/%EB%A8%BC%EC%85%80_%EC%83%89_%EC%B2%B4%EA%B3%84

5-3 https://munsell.com/

5-4~6,8 https://www.voiment.com/

5-7,12 https://chantelle.com/

5-9 https://laperla.com/

5-10,11 https://int.li-vy.com/

5-13~16 https://doralarsen.com/collections/lingerie

6장

그림

6-1~6,10,12,18 논문 참고하여 제작

6-7 https://bedtimesmagazine.com/2012/12/new-lenzing-modal-tag-touts-eco-friendliness/

6-8 https://shiniltextile.com/smart-modal

6-9 https://www.tencel.com/refibra

6-11(1) https://www.hoka.com/en/us/men-hiking/ten-nine-hike-gore-tex/1113510.html

6-11(2) https://www.bike-discount.de/en/info/gore-tex-r-91

6-13(1) https://alchetron.com/Coolmax

6-13(2) https://www.coolmax.com/en

6-14(1) http://www.hyosungtnc.com/kr/fiber/polyester.do

6-14(2) 기존 소장 자료

6-15 https://www.lycra.com/en

6-16 http://www.hyosungtnc.com/

6-17,19~22 제작 이미지

6-23~24 https://artquill.blogspot.com/2017/09/woven-pile-fabrics1-art-resource-marie.html(참고)

사진

6-1 https://www.beaufort.com/the-history-of-sea-island-cotton/

6-2,3,5,6,8,9,11,13,20 https://www.shutterstock.com/ko

6-4 https://www.tissus-en-ligne.com/

6-7 https://sewingiscool.com/what-is-ramie-fabric/

6-10	http://www.iaacblog.com/programs/hemp-fabric-2/
6-12	https://www.aiche.org/chenected/2017/07/micro-silk-cocoons-could-be-used-food-and-medicine
6-14	https://www.tencel.com/b2b/product/tencel-lyocell
6-15	https://www.tencel.com/b2b/product/tencel-modal
6-16	https://www.dupont.com/
6-17	https://www.byc.co.kr/
6-18	https://billowfabrics.co.uk/products/liberty-fabric-pack-blueberry
6-19	https://item.rakuten.co.jp/doo-barim-japan/41223/
6-21	https://www.rainbowfabrics.com.au/products/brittany-blue-polyester-satin
6-22	https://taihusnow.en.made-in-china.com/product/MZwQneFjwtWs/China-100-Mulberry-Silk-Charmeuse-Fabric.html
6-23	https://www.tessutidelarte.com/viscose-crepe-fabric-tdalt40
6-24	https://www.loiseaufabrics.com/waffle-cotton-rose/
6-25~26	촬영 이미지
6 27	https://www.decorativesilk.com/products/rayon-velvet
6-28	https://www.youtube.com/watch?v=Vl2rmup2dVY
6-29~32	https://www.shutterstock.com/ko
6-33	https://www.publicdomainpictures.net/en/view-image.php?image=205232&picture=plain-knit-stitch-in-lavender
6-34	https://lifeiscozy.com/2x2-rib
6-35	https://www.eysan.com.tw/proTduct/soft-stretch-nylon-spandex-2x2-rib-knit-fabric/

6-36	https://nickoftimefabric.com/products/light-blue-rib-100-cotton-open-width-knit-fabric
6-37~38	https://www.shutterstock.com/ko
6-39	https://alibolsa.en.made-in-china.com/product/jvLmfchoggRP/China-100-Polyester-Tricot-Knit-Fabric.html
6-40	https://ko.aliexpress.com/item/32957537865.html
6-41~76	촬영 이미지

7장

그림

| 7-1~6 | 제작 이미지 |

사진

| 7-1 | 촬영 이미지 |

8장

그림

| 8-1~14 | 제작 이미지 |

사진

| 8-1~3 | 촬영 이미지 |

9장

그림

| 9-1~5 | 제작 이미지 |

사진

| 9-1~2 | 촬영 이미지 |

저자소개

한선미

2001년 충남대학교 산업미술학과 졸업
2010년 한양대학교대학원 의류학과 석사 졸업
2001년~2010년 (주)신화언더웨어 디자인실 근무
2011년~현재 한선미 속옷 디자인 연구소 대표
2015년~현재 란제리한 대표

2013년 〈언더웨어 실무패턴〉 교재 출간
2013년 한국형 란제리 전용곡자 디자인 특허 출원
2020년 웨딩브라 패턴 실용신안 및 디자인 특허 출원

한선미 속옷 디자인 연구소 웹사이트
www.hansunderwear.com

란제리한 웹사이트
www.lingeriehan.com

2001년부터 현재까지 속옷 디자이너로 활동해 온 한선미 디자이너는 2011년 국내 최초로 속옷 디자인 연구소를 설립하고 속옷 전문가 양성을 위해 속옷패턴 및 디자인 교육(취업, 창업, 실무자)과 연구를 진행해 오고 있습니다. 또한 2013년부터 수영복, 비키니, 스포츠 이너웨어, 남성 언더웨어, 발레복 등 영역을 넓혀 실무패턴 및 디자인 교육과 창업 세미나, 맞춤 패턴 연구를 지속하고 있습니다.
2015년 국내에서 처음으로 고급 맞춤 속옷 & 맞춤 웨딩 속옷 브랜드 '란제리한'을 런칭하고 현재까지 운영하고 있으며, 영화의상, 패션매거진 화보의상, 가수 무대의상 등 다양한 영역에서 작품세계를 선보이고 있습니다.

언더웨어 실무디자인

초판 발행 2022년 5월 30일

지은이 한선미
펴낸이 류원식
펴낸곳 교문사

편집팀장 김경수 | **책임진행** 윤소연 | **디자인** 신나리 | **본문편집** 홍익m&b

주소 10881, 경기도 파주시 문발로 116
대표전화 031-955-6111 | **팩스** 031-955-0955
홈페이지 www.gyomoon.com | **이메일** genie@gyomoon.com
등록번호 1968.10.28. 제406-2006-000035호

ISBN 978-89-363-2292-2(93590)
정가 55,000원